東アジアにおける森林・木材資源の持続的利用

馬　駿・今村　弘子・立花　敏 編著

経済学からのアプローチ

農林統計協会

はしがき

　本書は，富山大学極東地域研究センターが 2016 年から推進するプロジェクト「北東アジアにおける国際分業の進化と資源の持続可能な利用：課題と可能性」と題した一連の研究成果の一部をまとめたものです。

　富山大学極東地域研究センターは，2016 年に大学共同利用機関法人・人間文化研究機構 (NIHU)「北東アジア地域研究推進事業」（中心研究テーマ「北東アジアにおける地域構造の変容：越境から考察する共生への道」）に参加し，同プロジェクトの一部として次の 2 つの課題を中心に研究を進めてきました。まず，その 1 つが，資源，とくに再生可能な資源に着目し，国際分業の進化と国際協力関係が東アジア地域の経済成長と社会発展にどのように寄与していくかという将来のあるべき姿を検討していくものです。そして，もう 1 つは国際分業に焦点を当て，マクロおよびミクロの両面から，資源をめぐる競争や技術革新を通じた国際的な比較優位を獲得するための競争型成長モデルの限界を分析し，さらにどのようにすれば北東アジア諸国間でウィン-ウィン関係になるのかを考察し，地域全体の最適な共生型成長モデルの構築について検討していくというものです。本プロジェクトの一環として，2016 年から 2017 年までの 2 年間をかけ，東アジアの森林・木材の利用について，中国と韓国の専門家と共同で調査・研究を進めてきました。

　森林資源を最初の研究対象にしたのは以下の考えによるものです。東アジア諸国の木材産業のみで考えれば，GDP に占める割合は少ないものの，森林の生態系サービスには，供給サービスの他に調整サービス，文化サービスという多面的機能が含まれ，社会の持続的成長に対して極めて重要な意義を持つからです。また東アジア 3 カ国は森林の蓄積量が少ないにも関わらず，需要量が多いため，多くの木材を輸入に依存しているという現実問題があります。このことから考えると，国際的な視野からこの地域の森林資源の保全と利用の問題は，

この地域だけではなく，世界全体の持続的成長を考える上でも今後ますます重要な課題になると思われるからです。また，もう1つの理由は，富山大学極東地域研究センターの学際的，国際的な共同研究拠点としての特徴からも，森林資源に関する研究を進めることでより学際的な研究成果を創出することができるのではないかと期待しているからです。

　本書は，本プロジェクトの参加メンバーと多くの関係者の方々のご協力によって公刊されることになりましたが，この2年間の研究活動を通して，森林資源の利用と保全は，東アジアの今後の持続的成長にとって極めて重要なファクターであることを改めて認識することができました。それと同時にまだ多くの課題も残っていることを痛感し，今後もこの研究を更に深めていきたいと存じます。

　最後に，本書を読んでいただいた森林・木材資源に関わる研究者や実務家の皆さまからぜひ忌憚のないご意見を承りたく思うと同時に，この分野に関心をもっている一般の読者にもぜひ本書をご一読いただければ幸いと存じます。

2018 年 3 月

執筆者を代表して　　馬　　駿

目　　次

はしがき……………………………………………………………………　i

序章 ………………………………………………………… （馬　　駿）…　1
　1．本書の問題意識と目的 …………………………………………………　1
　2．本書のアウトライン ……………………………………………………　3
　3．残された課題 ……………………………………………………………　7

第Ⅰ部　森林資源の多面的機能と木材の重要性

第1章　森林の生態系機能と生態系サービス
　　　　　………………………………………………… （和田直也）…　9
　1．はじめに …………………………………………………………………　9
　2．時間とともに移り変わる森林 ………………………………………… 10
　3．東アジアの森林 ………………………………………………………… 13
　4．森林の生態系機能と生態系サービス ………………………………… 15
　5．森林資源の利用と管理 ………………………………………………… 17

第2章　東アジアにおける森林資源と木材利用
　　　　　………………………………………………… （立花　　敏）… 25
　1．森林資源の有する多面的機能：私的財と公共財 …………………… 25
　2．歴史的にみた東アジア諸国の森林資源の位置づけ ………………… 28
　　（1）森林資源の歴史的すう勢 ………………………………………… 28
　　（2）1990 年代以降の世界の森林面積と東アジア諸国の位置づけ …………… 30
　3．中国を事例にみる林産物貿易構造の変化 …………………………… 33

４．方向性としての森林管理と木材利用の高度化 ……………………… 36

第Ⅱ部　森林・木材資源の利用

第3章　中国の森林：現状と政策

　　　　　………………………………………………（今村弘子）… 41
　　１．中国の森林政策の経緯……………………………………………… 41
　　２．森林の保護政策と阻害要因 ……………………………………… 44
　　３．中国の木材産業……………………………………………………… 47

第4章　中国の木材流通：歴史，役割，そして示唆

　　　　　………………………（柯　水発・喬　丹・孔　祥智）… 53
　　１．はじめに ……………………………………………………………… 53
　　２．中国の木材流通に関する先行研究 ……………………………… 54
　　３．木材流通をめぐる環境の現状……………………………………… 57
　　　　（1）木材流通市場の状況 ……………………………………… 57
　　　　（2）木材の流通状況…………………………………………… 57
　　４．木材の国内流通管理政策の現状 ………………………………… 63
　　　　（1）木材市場の管理政策 ……………………………………… 63
　　　　（2）木材の輸送管理に関する政策 …………………………… 64
　　５．中国の木材貿易政策………………………………………………… 64
　　６．結論および提言……………………………………………………… 66
　　　　（1）結論 ………………………………………………………… 66
　　　　（2）示唆 ………………………………………………………… 67

第5章　韓国森林と林業の現状と推移

　　　　　………………………（金　世彬・李　昌濬・李　普輝）… 71
　　１．はじめに ……………………………………………………………… 71
　　２．韓国森林資源の構造………………………………………………… 71

3．韓国経済と林業発展 ……………………………………………… 73
　4．木材産業の構造変化 ……………………………………………… 76
　　（1）製材産業 ……………………………………………………… 76
　　（2）合板産業 ……………………………………………………… 78
　　（3）木質ボード産業 ……………………………………………… 80
　5．山林基本計画 ……………………………………………………… 83
　　（1）山林基本計画の体系 ………………………………………… 83
　　（2）過去の山林基本計画の主な内容 …………………………… 83
　　（3）第6次山林計画 ……………………………………………… 85
　6．結論 ………………………………………………………………… 86
　　（1）経済発展と林業，木材産業 ………………………………… 86
　　（2）好循環的資源利用 …………………………………………… 88

第6章　日本における森林管理と木材利用：関連政策と木材需給

　………………………………………………………（立花　敏）… 91
　1．日本林政の系譜 …………………………………………………… 91
　　（1）森林法 ………………………………………………………… 91
　　（2）基本法，そして木材利用促進へ …………………………… 95
　2．第二次世界大戦後における日本の木材需給構造 …………… 100
　　（1）需要面 ……………………………………………………… 100
　　（2）木材供給 …………………………………………………… 103
　　（3）価格の関係 ………………………………………………… 107
　3．持続可能な森林管理と木材利用への取り組み …………… 110

第Ⅲ部　木材産業の構造と貿易

第7章　木材製品における産業構造と貿易パフォーマンスに関する

　日中韓比較研究 ……………………………………（馬　駿）…113
　1．はじめに ………………………………………………………… 113

2．林業・木材産業におけるバリュー・チェーン　………………………114

　　3．データソース………………………………………………………114

　　4．木材製品の国際貿易………………………………………………115

　　5．分析モデル…………………………………………………………118

　　6．推定結果……………………………………………………………119

　　　（1）日本………………………………………………………………119

　　　（2）中国………………………………………………………………122

　　　（3）韓国………………………………………………………………124

　　7．ディスカッション…………………………………………………126

　付表………………………………………………………………………130

第8章　韓国木材産業の国際分業構造と競争力

　　　　　………………………………………………（金　奉吉）…133

　　1．はじめに……………………………………………………………133

　　2．韓国木材産業の需給構造…………………………………………134

　　3．韓国木材産業の貿易構造…………………………………………135

　　　（1）韓国木材産業の貿易構造………………………………………135

　　　（2）日中韓における木材産業の分業構造…………………………139

　　4．韓国木材産業の国際競争力………………………………………143

　　　（1）日中韓の木材産業の国際競争力………………………………143

　　　（2）韓国の主要木材製品の国際競争力……………………………145

　　5．結び…………………………………………………………………147

第9章　長期的な森林保全における古紙リサイクルの影響：

　　　　東アジアを例に………………………………（山本雅資）…151

　　1．はじめに……………………………………………………………151

　　2．リサイクルを含むファウストマン周期…………………………152

　　　（1）基本的な仮定……………………………………………………152

　　　（2）均衡………………………………………………………………153

３．数値シミュレーション ……………………………………………… 156
　　　（１）パラメータの推定 ………………………………………………… 156
　　　（２）シミュレーション結果 …………………………………………… 158
　　４．おわりに……………………………………………………………… 160

第Ⅳ部　森林・木材資源・貿易に関する新しい分析アプローチ

第10章　リモートセンシングと経済分析：森林研究への活用を例に
　　　……………………………………………… （山本雅資・杉浦幸之助）… 163
　　１．はじめに……………………………………………………………… 163
　　２．リモートセンシングとは何か ……………………………………… 164
　　　（１）リモートセンシングの考え方 …………………………………… 164
　　　（２）森林評価で使用される指標例 …………………………………… 165
　　３．リモートセンシングを用いた経済分析……………………………… 166
　　　（１）主な傾向……………………………………………………………… 166
　　　（２）Burgess *et al.* (2012) について …………………………………… 167
　　４．Rを用いた事例 ……………………………………………………… 168
　　　（１）Rを用いるメリット ……………………………………………… 168
　　　（２）データの入手……………………………………………………… 169
　　　（３）NDVIの計算……………………………………………………… 170
　　５．おわりに……………………………………………………………… 173

第11章　国際貿易の実証分析：R言語による実装
　　　………………………………………………………… （伊藤　岳）… 175
　　１．序論…………………………………………………………………… 175
　　２．UN Comtrade ………………………………………………………… 177
　　　（１）データセットの取得方法 (1)：GUI 操作…………………………… 178
　　　（２）データセットの取得方法 (2)：R と API…………………………… 179
　　　（３）貿易品目コードの対応表 ………………………………………… 181

（4）他の有用なデータセット ……………………………………181

3．貿易の重力モデル……………………………………………184

（1）重力モデルの基礎 ……………………………………187

（2）推定法 …………………………………………………187

4．UN Comtrade と R を用いた重力モデルの推定……………188

（1）データセットの取得 …………………………………189

（2）重力モデルの推定 ……………………………………190

5．結論 ……………………………………………………………192

あとがき ……………………………………………………………197

執筆者紹介 …………………………………………………………199

索引 …………………………………………………………………201

序章

馬　駿

1．本書の問題意識と目的

　これまでの半世紀は東アジアにとって経済成長の時代だったと言えよう。日本は 1950 年代後半から，韓国は 1960 年代から，そして中国は 1980 年代からそれぞれ著しい経済成長を成し遂げてきた。IMF のデータに基づいて計算した結果によると，1960 年では 3 カ国合計の国内総生産（GDP）が世界全体の GDPに占める割合は 8.46%にすぎなかったが，2016 年には 21.74%となり，世界の約 5 分の 1 強を占めるまでになってきた。2016 年の中国，日本，そして韓国のGDP はそれぞれ世界の第 2 位，第 3 位と第 11 位となっている[1]。

　世界貿易からみても，東アジア 3 カ国の 1960 年の輸入額は世界の総輸入額の6.40%でしかなかったが，2016 年には 20.98%を占めるようになった。また，東アジア 3 カ国の輸出額合計が世界の総輸出額に占める割合も，1960 年に 5.78%に過ぎなかったが，2016 年には 25.25%に伸長した[2]。以上のデータからもわかるように，この地域の経済活動は現在の世界経済に対して非常に重要な役割を果たしていると言っても過言ではない。

　また，国民 1 人当たりの GDP 水準も購買力平価（US ドル）で換算してみると，1980 年の時点で日本は 8,735.87 ドル，韓国は 2,183.96 ドル，中国にいたっては 309.96 ドルにすぎなかったが，2016 年にはそれぞれ，4 万 2,658.71 ドル，3 万 9,387.5 ドル，1 万 5,394.71 ドルに上昇している。3 カ国の間には多少の差はあるものの，この地域に暮らしている約 15 億の人々の生活が半世紀前には

想像もできないほど豊かになっている[3]。

　このように，世界経済の舞台でそれぞれ非常に重要な役割を担っている東アジア地域の3カ国であるが，近現代の歴史問題や各国の政治的問題，また経済関係における摩擦によって，現在必ずしも望ましい協力関係が維持されているとは言えない。しかし，歴史を振りかえってみれば，地縁的な関係もあり，各自が競争優位性を生かし，お互いに協力し合いながら，調和的に成長する関係であった期間のほうがはるかに長い。この視点から考えると，今後どの国にとってもこの地域の各国間での協力関係を維持することは，それぞれの経済の更なる成長に繋げられるに違いない。それと同時に，この地域の国民の安定した豊かな生活を持続的に維持していくためにも不可欠だとも考えられる。

　さらに，この半世紀における日中韓3カ国間の貿易状況の変化を見ると，1962年に日中間の輸出入は約8,448万ドルにすぎなかったが，2016年には2,703億ドルに達しており，1962年の約3,200倍にもなっている。日韓では，1962年に1億6,664万ドルだったが，2016年には711億ドルに上昇し，425倍にも増えた。また中韓では，1962年には冷戦の影響があり，ほとんど貿易関係がなかったが，2016年には2,524億ドルに達している。2016年現在，日本の貿易相手国として，中国が第1位，韓国はアメリカに次ぐ第3位となっている。そして，中国の貿易相手国としては，日本と韓国はアメリカに次いで第2位と第3位になっている。また，韓国の貿易相手国としては中国が1位，日本は2位となっている[4]。

　以上のデータからわかるように，3カ国間では，様々な問題を抱えながらも，緊密な経済関係を持っていることは否定できない。他方，日本，韓国，そして中国のそれぞれの経済成長に伴い，各国国内の産業構造も大きく変わってきた。そのために，1980年代において日中韓3カ国間の間に存在していた垂直的分業関係は，すでに水平的分業関係に変わりつつあり，またその傾向は現在ますます強まっている。3カ国間で現在すでに機械，電子機器，自動車など多くの分野では激しい競争関係も現れている。それに伴い，各国の製造業を支えている原材料やエネルギーなどの天然資源の獲得をめぐる摩擦もしばしば生じている。今後，東アジア地域の経済・社会が持続的に成長していくためには，3カ国間

の協力関係が欠かせないことは間違いないが，20世紀の後半のような垂直的協力関係はもはや過去の遺物となった。これからは，東アジアの3カ国間の新たな経済関係を構築する必要があるだろう。

　以上の事実認識と問題意識をふまえ，本書では，東アジアの森林資源の供給サービス機能に重点を置きながら，森林資源の他の機能についても十分に留意し，森林の利用だけではなく，保全という側面についても検討する。またこの10数年間において，日本，韓国，とりわけ中国では，経済成長に伴い，木材の輸出入と生産量が増加していると同時に，森林の重要性に対する認識も高まってきた。各国では，自国の環境を改善するために，森林保護に関する政策が次々に打ち出されている。そのために，本書では，これらの政策が東アジア地域における森林・木材資源の利用と森林保全に対してどのような影響を与えたか，今後の持続的な利用と保全においてさらにどのような施策が必要かについても検討する。

２．本書のアウトライン

　本書は，次の4つの部分から構成されている。

　第Ⅰ部は，森林資源の重要性を自然科学と社会科学の両面から検討する内容である。主に森林資源の特徴から，生物多様性や多面的機能について解説し，東アジアの森林分布の特徴および現在の利用状況を把握したうえで，経済学のアプローチから森林資源をどのように考えるべきかについて検討している。

　まず第1章では，自然科学の視点に限らず，社会科学の視点からも森林の生物多様性および多面的機能と我々の経済活動との関係について解説している。「自然林を伐採した後，放置すれば通常は二次遷移が起こり，十分な時間が経てば再び以前のような景観の森林が形成されることがある」[5]。しかし，人類の経済活動のような「撹乱」によって，その遷移が阻害されてしまう恐れもある。森林の更新過程で見られる時間スケールは，数十年から数百年までで捉えられるため，人類の過大な伐採によって，たとえ人工的に植えられたとしても，このような自然による「更新」が変化させられ，場合によって阻害されてしまい，その結果人類の生存に悪い影響を与える恐れがあると指摘している。そし

て，私たち人類は，森林資源に恵まれ，供給，調整および文化というような複合的サービスから，安全安心，豊かな生活の基本資材，健康，そして良好な社会関係という恩恵を受けている。そのため，上述のサービスを含む「生態系サービス」を持続的に利用するには，有効に管理する必要があることを強調している。さらに，東アジア諸国では，様々なタイプの森林や植生が分布しており，植物の多様性も高い一方，森林資源の需要も非常に高いため，生物多様性の保全を行いながら，時間とともに変化する生態系サービスを適切な手法で計測して評価し，それを次の森林管理計画に活用していくことが重要だと警鐘を鳴らしている。

　第2章では，まず森林に関わる財は木材利用といった私的財の性質を持つ側面と炭素固定や多様性保全などのような公共財という側面を同時に持っているという観点から，アジア，とりわけ日本，中国，韓国およびロシアの森林資源の世界における位置づけと特徴について述べている。また1990年代からこの地域における森林面積は増加しているが，これは主に人工林面積の増加が寄与していると指摘している。さらに1990年代から木材需要が急速に上昇した中国を事例に取り上げ，その木材産業の発展と関連付けて貿易構造の変化を概説している。最後に，森林資源にかかわる現在の「社会」に何が必要か，どのような「社会」を目指すかについて，イデオロギーを越えて，日本，中国および韓国の3カ国間での先進的技術の共有と人的交流が重要だと提唱している。

　第II部では，東アジアの3カ国それぞれの森林資源と木材産業の状況をふまえながら，重要な政策について整理と検討を行なっている。各国の森林保護と利用に対する努力が伺えると同時に，存在する課題も浮かび上がっている。

　まず第3章では，中華人民共和国の建国，とりわけ改革開放以降の中国の経済体制の変化に注目しながら，森林資源の保護問題や木材生産と貿易問題について解説している。その中で，中国における一連の国家プロジェクトによって，森林の被覆率は上昇したが，「森林の質」と地域差が依然として改善されていないこと，また天然林の伐採禁止が様々な社会問題をもたらしたことについて指摘している。

　第4章では，中国の木材流通の現状と課題について検討し，次のことを明ら

かにしている。すなわち，中国政府の森林保護政策によって，2000年以降，国内の木材生産は減少傾向にあるが，輸入量や輸出量は増加してきた。それによって，中国の木材の流通システムと木材市場にかかわる管理システムも大きく変わり，国の行政的管理を強化するようになったと同時に，木材流通は多様化してきた。また，以上の現状をふまえ，今後の中国の木材流通政策についていくつかの課題も提示している。

第5章では，韓国の森林資源と木材産業の変化と現状について分析している。韓国は，第二次世界大戦と朝鮮戦争によって多くの森林が消失し，荒廃したが，その後，韓国国民の努力によって，森林の被覆率を64％まで上昇させた。これは世界的にみて極めて優れた成果だと評価されている。この章では，まずこのような成果がどのように成し遂げられたか，また現在どのような状況になっているかについて述べている。さらに，森林資源が乏しかった韓国で，いかにして国際競争力の高い木材産業が育てられてきたかについて，政策の側面に注目して解説している。その中で，優れた労働力を活用し，輸入した木材を加工し輸出する加工貿易型木材産業を発展させてきた歴史を振り返りながら，木材産業の構造と現状について分析している。また，山林を育成するために，韓国政府が6回打ち出した山林基本計画の主な目標と達成状況を紹介している。最後に，韓国の森林資源の持続的利用における課題も指摘している。

第6章は，日本の森林資源の管理と木材の利用にかかわる政策や状況について解説している。この章では，まず現在の日本における森林資源の管理を理解するために，日本の森林資源管理に関する政策（林政）の歴史的変遷について振り返っている。その中で，森林の多面的機能の観点から，国としてこれまでどのような政策や計画を立て，実現してきたか，また低炭素社会の実現を目指すために，現在「コンクリート社会から木の社会へ」という方向に向かって，国と地方がそれぞれどのような計画や施策を打ち出しているかについて整理している。そして，日本の現在の森林資源状況を把握すると共に，その活用としての木材利用の促進に関する政策を解説している。さらに，それをふまえて第二次世界大戦後における日本の木材需給の変化を確認したうえで，日本の森林資源を持続的に管理するためには，ゾーニングの下で生産に供される森林資源

を再生可能な状態にするべきであり，それと同時に木材消費において各財の長期使用やリユースを進める必要があると指摘している。

　以上のように，東アジアの森林資源の利用状況，各国の政策および課題を検討した後，第Ⅲ部では，3カ国の木材産業の構造と貿易状況について，経済学的アプローチを用いた実証研究と理論研究を通じて，その政策実行の帰結を評価している。

　まず，第7章では，主に日本，中国および韓国のそれぞれの木材産業のバリュー・チェーンの変化が，1960年代から現在までの国内生産と貿易パフォーマンスにどのような影響を与えたかについて，1962年から2015年までの54年間におけるいくつかの主な木材製品の生産量と貿易量に関するデータを用いて統計分析を行ったうえで，それぞれの競争優位はどこにあるか，またどのように生まれたかについて比較しながら検討している。その結果，東アジア3カ国で木材から生産されている製品について，木質パネル，そして相対的に競争優位をもつ紙・板紙についても，3カ国にはそれぞれ国内において原木から製品までの垂直的バリュー・チェーンが存在していることから，3カ国間での国際分業がそれほど進んではおらず，原木の輸入をめぐる競争状態にあることを指摘している。

　第8章では，韓国の木材産業の貿易構造を中心に，東アジア3カ国の木材産業の競争優位について分析している。まず韓国では，木材製品の輸入において，特定国への依存度が品目ごとに高く，木材産業貿易収支の赤字が続いていることを指摘している。その次に，韓国と主な貿易相手国である日本と中国の木材貿易の状況について検討したうえで，顕示比較優位指数と貿易特化指数を用いて日中韓3カ国の木材産業の国際競争力について考察を行い，日本と韓国は1990年代以降持続的に低下あるいは横ばい状態が続いている一方，中国は1990年代以降競争力が急速に高まっていることも明らかにした。さらに，日中韓における木材産業の国際競争力を高めるため，3カ国間で原木及び木材製品の生産，加工，流通，情報に関わるサプライチェーン・マネージメントの構築が必要だと主張している。

　第9章では，森林保全の視点から，古紙のリサイクルが森林土地面積の変化

に与える影響について理論および実証という２つの側面から分析を行っている。まず理論的分析において，古紙のリサイクル率が上がるにつれ，森林が減少する場合があるという逆説的な結果を導く先行研究のモデルを紹介している。続いて，東アジアにある３カ国の事例を取り上げてシミュレーション分析を行った結果，日本については概ね最適なリサイクル率に近い状況にあるものの，中国については企業の利潤最大化の観点からみても，古紙リサイクル率を大幅に増加させる余地があることを明らかにした。

　以上の３つの部に加え，第IV部はこれからの森林・木材資源に関する新しい分析アプローチの開拓に一石を投じて，この分野の更なる研究に対して「抛磚引玉」ができればと期待するためのものである。この部分では,今後森林・木材資源についてさらに研究を進めていくために，これまで経済学分野の研究のなかではほとんど扱ってこなかった新しい分析アプローチについて解説しながら，その手法を用いて森林資源の状況や木材貿易に関する分析を試みている。

　第10章では，これまでの経済活動が自然資源の空間的変化に与える影響に関する分析の限界を乗り越えるために，衛星写真を利用したリモートセンシング技術が経済学のアプローチにどのように取り入れられるかについて，いくつかの先行研究をふまえながらその手法を解説したうえ分析事例を取り上げ，リモートセンシングと統計処理言語であるRを組み合わせて経済活動の森林資源に与える影響についてどのように分析するかを紹介している。

　第11章では，まずこのプロジェクトで多く利用されている UN Comtrade のデータの性格と利用方法について解説し，さらに，UN Comtrade のデータを利用し，重力モデルを用いた木材貿易に関する実証分析のプロセスを詳細に説明し，その分析結果も示している。

3．残された課題

　このプロジェクトの研究を通して，改めて森林資源の利用と保全は，東アジアの今後の持続的成長にとって極めて重要なファクターであることを確認することができた一方，いくつかの課題も残っている。まず，私たちはこれまで森林資源の供給サービス機能のみに注目しがちであったが，第１章にも指摘され

ているように，森林資源には調整サービス，文化サービスといった他の重要な機能もある。これらの機能も考慮したうえで，森林生態系に対する総合的，学際的な研究をさらに進めていく必要がある。そして，東アジアだけではなく，グローバルな視野から，世界全体の社会・経済の成長とどう結びつけていくのかについてもより深く検討すべきである。また，このプロジェクトの参加者のなかには，初めて森林・木材資源分野での研究に携わった研究者もいるため，森林資源や木材生産について十分に理解できていないところもある。これらの課題は今後の研究のなかでできるだけ取り入れる必要があるだろう。

参考文献

一橋大学東アジア政策研究プロジェクト編（2012）『東アジアの未来』東洋経済新報社

Bretschger L, Valente S (2011) "International economics and natural resources: from theory to policy," *International Economics and Economic Policy,* 8, pp.115-120

United Nations University International Human Dimensions Programme(2012) *Inclusive Wealth Report 2012,* Cambridge University Press（日本語訳：国連大学　地球環境変化の人間・社会的側面に関する国際研究計画・国連環境計画篇『国連大学　包括的「富」報告書』植田和弘，山口臨太郎訳，竹内和彦監修，明石書店，2014）

注

1) それぞれ World Bank Open Data（https://data.worldbank.org/）よるものである。
2) それぞれ UN Comtrade (https://comtrade.un.org/data)に基づき，計算したものである。なお，中国は香港，マカオ，台湾も含む。
3) IMF-World Economic Outlook Databases
 （http://www.imf.org/external/ns/cs.aspx?id=28）によるものである。
4) それぞれ UN Comtrade (https://comtrade.un.org/data)に基づき，計算したものである。なお，中国は香港，マカオ，台湾も含む。
5) 本書第 1 章 p.10 から引用。

第Ⅰ部　森林資源の多面的機能と木材の重要性

第1章　森林の生態系機能と生態系サービス

和　田　直　也

1.　はじめに

　ある場所に生育している植物の集団を総称して植生 (vegetation) と呼ぶ。植生は, 植物群集や植物群落 (plant community) と呼ばれることもある。森林 (forest) とは, 高木 (tree) が優占する植生である。高木は, 森林の中で枝葉が密集している上層を形成し, その層は林冠 (canopy) と呼ばれる。種類や環境の違いによって, 高木の高さや林冠密度は異なる。国際連合食糧農業機関 (Food and Agriculture Organization, FAO) によると, 森林とは「高さが 5 m を超え林冠被覆度が 10％を超える高木が 0.5ha を超える範囲に分布している土地, もしくはこれらの基準を超える木々, ただし主に農業または都市利用下にある土地は含まない」と定義されている。世界の森林面積は 39.99 億 ha であり, 陸地に占める森林面積の割合である森林率は 30.6％と推定されている (FAO, 2016)。地球表面の約 28.9％は陸地であるので, 森林面積は地球表面の約 8.8％を占めているに過ぎない。この限られた面積の中で, 私たちは森林が提供する様々な資源を利用しているが, 世界における森林の面積はいまだに減少し続けている (Keenan et al., 2015)。この章では, 森林の生態学的な側面を理解しながら, 東アジアにおける森林の特徴, そして森林が有する生態系機能と生態系サービスについて学び, 最後に木材生産の場としての森林が直面している課題について触れ, 持続可能な森林資源の利用について考えていきたい。

2. 時間とともに移り変わる森林

　森林は，場所が変われば景観が異なり，そして同じ場所にある森林でも年月が経てば姿が変わる。植生が時間とともに一定の方向性を持って変化していくことを，遷移（succession）あるいは生態遷移（ecological succession）という。遷移には，火山の噴火によって形成された溶岩台地や氷河が後退して出現した裸地など，かつて植物が生育していなかった土地に始まる一次遷移（primary succession）と，森林伐採や火災の跡地など，土壌中の種子や根株が残っている土地に始まる二次遷移（secondary succession）がある。自然林を伐採した後，放置すれば通常は二次遷移が起こり，十分な時間が経てば再び以前のような景観の森林が形成されることがある。表 1-1 は，時間的な変化や現在の構造に基づいた森林の定義をまとめたものである（正木・相場，2011）。遷移が進行していくと，植生の構造や種組成の変化が緩やかになり，ほとんど変化が認められないような状態に達する。このような定常状態のことを極相（climax）という。極相はさらに，気候によって決定される気候的極相（climatic climax）と，同一な気候条件下においても地質や地形の条件の違いによって決定される土地的極相（edaphic climax）に分けられる。極相林（climax forest）は，極相に達している状態にある森林を指し，分布している気候帯やその土地的条件によってタイプが異なる。原生林（primary forest）は，極相林のうち過去に人為撹乱の影響を受け

表 1-1　時間的な変化や現在の構造に基づいた森林の定義

時間的な変化に基づく定義		
極相林	Climax forest	極相に達していて構造・組成が変化しない状態にある森林
原生林	Primary forest	極相林のうち、過去の遷移の過程で伐採や火入れなどの人為撹乱の影響を受けていないもの
二次林	Secondary forest	二次遷移の途上にあって、構造・組成が変化しつつある森林
現在の構造や生育状況に基づく定義		
天然林（自然林）	Natural forest	人の手によって苗が植えられた森林を除く全ての森林
老齢林	Old-growth forest	大径木が高密度で成育すると同時に、小径木から大径木まで幅広いサイズの個体がみられ、枯死木も倒木も高密度で存在する森林
成熟林	Mature forest	森林の成長が最高点に達してから老齢林になるまでの期間の森林

注：正木・相場（2011）を参考に筆者作成。

ていない森林を指す。これに対し，何らかの撹乱を受け，二次遷移の途上にある森林を二次林（secondary forest）という。人工林以外で我々が多く目にする森林は二次林であり，日本においても原生林を見つけることは難しいであろう。人の手によって苗が植えられて成立した森林は人工林（plantation）といわれ，それ以外の森林が天然林（natural forest）である。天然林には原生林が含まれる。FAOの定義（FRA 2015）によると，天然林は「原生林」と「その他の天然林（other naturally regenerated forest)」に分類され，天然林以外の森林は植林地（planted forest）に分類されている（FAO, 2012）。Planted forest の対訳として明確に定義された用語はないようであるが，ここでは根本（2017）に従いその対訳に「植林地」を用いた。この植林地は，「人工林」に「半天然林」の一部を合わせた森林を指し，過去に植栽や播種された樹木から萌芽によって更新した森林も含んでいる（FAO, 2012）。

　森林では破壊と再生が繰り返し起きている（図1-1）。天然林においても，様々な破壊的な現象が起きることがある。時折到来する台風によって木々がなぎ倒され，落雷によって誘発された森林火災によって立木が燃えてしまう等の事象が発生する。このような森林が部分的あるいは全体的に破壊されるような現象を撹乱（disturbance）と呼ぶ。撹乱が起きると，森林の構造が破壊され，太陽光の多くを吸収していた林冠層が欠落し，森林下層や林床（森林の地表面）まで光が届くようになる。林冠ギャップ（canopy gap）の形成である。林冠ギャップができると，林床の光環境が改善され，明るい環境で種子発芽が促進され芽生え（実生）が定着し，またすでに定着して成長を抑制されていた稚樹が旺盛な成長を開始する。その後は，若木が成長中の若齢林，密度を減じつつ林冠層が再び形成され森林の成長が最高点に達する成熟林を経て，様々なサイズの木々からなる老齢林へと移り変わっていく（図 1-1）。このように，森林は破壊されても，次の世代の樹木が自然に世代交代を行い，破壊部分が修復されて再び維持されるのである。このような森林の世代交代を更新（regeneration）と呼ぶ。自然撹乱は，森林の更新や生物多様性の維持にも大きく関わっている。老齢林では，林冠ギャップや若齢林及び成熟林がモザイク状に配置され，様々な遷移段階からなる森林（再生複合体）を形成していることがある（Watt, 1947）。

図 1-1 森林の更新様式を示す模式図

1. 撹乱による林冠層の破壊（林冠ギャップ形成）

2. 実生の定着と稚樹の成長

3. 若木の成長（若齢林）

4. 林冠層の修復がほぼ終了（成熟林）

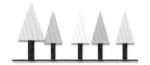

5. 様々なサイズの木々から成る森林（老齢林）

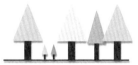

　天然林における樹木の更新過程と対比しながら，植林地の動態を考えてみよう。天然林の木々を1 ha の範囲すべてで伐採（皆伐）したとする。人為により，天然林に 100m 四方の林冠ギャップが形成されるという，とても大きな撹乱が加わったともいえる。天然林の林床には様々な種類の実生が定着し稚樹が成長を開始するが，植林地では経済的価値の高いあるいは目的に適した一種の苗木を植えることになる。高密度で植えた苗木が成長し，成長の悪い若木を間引くといった管理を行い，やがて同齢集団の成熟林が成立する。このような植林地における木々のサイズはある程度揃っており，森林の階層構造も林冠層のみで単純である。収穫の時期を迎えた木々は目的に応じて伐採され，再び好ましい苗木が植えられる。このような植林地は木材を生産する場としては効率が良く都合が良い。しかし，皆伐の面積や植林地の規模が大きくなると，後節で論じるような様々な問題を周辺環境に与えることになる。

　森林の更新過程で見られる時間スケールは，数十年から数百年である。数千年から数万年あるいはそれ以上の長い時間スケールの中でも森林をはじめとする植生は変化してきた。例えば，最終氷期最盛期の 2 万 4,000 年前の森林帯は，現在の植生と比べてかなり南下あるいは下降していたものと推測され，現在は

日本海側の山地（落葉樹林）帯で優占しているブナは，海岸沿いの低地や九州などの比較的温暖な場所に逃避していたものと考えられている（塚田，1984）。その後温暖な時期を迎え，ブナが現在とほぼ同じ分布域に達したのは約 4,000 年前であると考えられている（安田・三好，1998）。以上のように，天然林は世代交代を繰返しながら分布を変遷させ，長い時間をかけて今日の分布域を作り上げてきたのである。

3．東アジアの森林

　植生は，気候の影響，特に気温と降水量の影響を強く受けて成立している。ここでは，日本を含む東アジアの植生について，吉良（1948）が考案した「暖かさの指数」に基づいた森林帯の分布を，相場（2011）に従い紹介する。「暖かさの指数」は，温量指数とも呼ばれ，英訳の Warmth Index の頭文字をとってWI と略され，次式で算出される。

$$\text{WI} = \sum^{n} (t - 5) \tag{1}$$

　ここで t は月平均気温，n は 5℃を上回る月の数であり，WI の単位は（℃・月）である（吉良ほか，1976）。WI は，植物の生育下限温度を 5℃と仮定して算出した積算温度である。この WI に基づく森林帯の分布は次のようである（吉良，1976；図 1-2）。WI が 15 に満たない場合（寒帯），夏に得られるエネルギーは森林の成立を満たさず，ツンドラ帯となる。ツンドラ（tundra）とは，高木のない平原を指すサーミ語に由来し，矮性低木，草本類，蘚苔類，地衣類が生育している植生帯である。ツンドラはさらに，北極圏や南極圏にみられる極地ツンドラと山岳地上部の高山帯にみられる高山ツンドラに分けられる。極地ツンドラは極東ロシアのチュクチ半島や北極海沿岸域に分布している。WI が 15〜45 の範囲（亜寒帯）では，常緑針葉樹林帯になる。北海道の山地ではエゾマツやトドマツが，本州の亜高山帯ではオオシラビソやシラビソが優占する。極東ロシアでは，北方林（boreal forest）あるいはタイガ（taiga）と呼ばれる植生帯の中で，海洋性気候が卓越する南方においてトウヒ属やモミ属からなる常緑針葉樹林帯がみられる。大陸性気候が卓越するシベリア内陸部になると，降水量が減り乾

図 1-2　暖かさの指数による東アジアの森林帯の分類

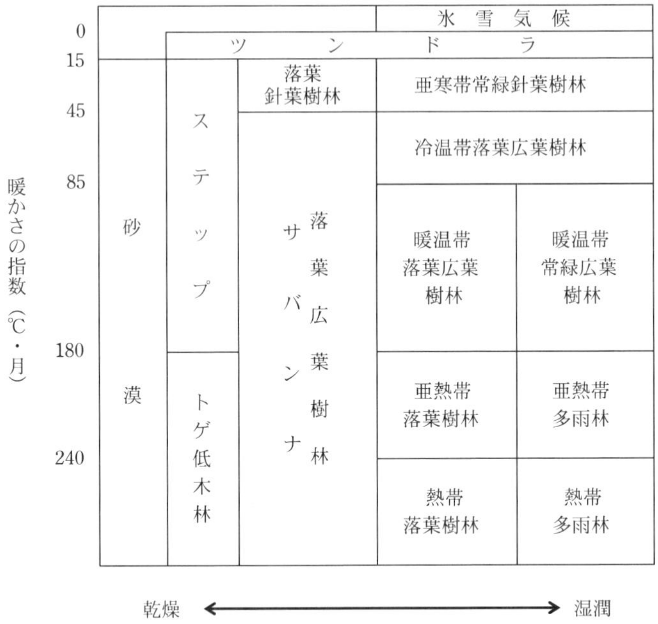

暖かさの指数 (℃・月)				氷 雪 気 候	
0		ツ ン	ド ラ		
15	ス テ ッ プ	落葉針葉樹林		亜寒帯常緑針葉樹林	
45		サ バ ン ナ 落 葉 広 葉 樹 林		冷温帯落葉広葉樹林	
85	砂			暖温帯落葉広葉樹林	暖温帯常緑広葉樹林
180	漠	トゲ低木林		亜熱帯落葉樹林	亜熱帯多雨林
240				熱帯落葉樹林	熱帯多雨林

乾燥 ←————————————→ 湿潤

資料：吉良（1976）を改変して引用。

燥が強まり，カラマツ属が優占する落葉針葉樹林帯となる。WI が 45〜85 の範囲（冷温帯）は落葉広葉樹林帯であり，湿潤な日本の特に日本海側ではブナが優占する。太平洋側やアジア大陸北東部では，カエデ属やコナラ属の樹木が多くみられ，特に大陸ではチョウセンゴヨウマツが混じる。WI が 85〜180 の範囲（暖温帯）では，照葉樹林とも呼ばれる常緑広葉樹林帯となる。シイ属やカシ類（常緑のコナラ属）等が優占している。WI が 180〜240 の範囲（亜熱帯）では，樹種多様性の高い多雨林となる。河口には発達したマングローブ林がみられる。WI が 240 以上の範囲は熱帯多雨林であり，東南アジアではフタバガキ科樹木が優占する。樹種の多様性は亜熱帯多雨林よりもさらに高い。暖温帯常緑広葉樹林や亜熱帯多雨林，熱帯多雨林が成立する温度環境においても，中国の大陸部に行くと乾季が明瞭な気候になり，季節的に落葉する落葉樹林となる。さらに降

水量が少なくなる西側の内陸部へ行くと，落葉樹林サバンナ，ステップ草原，砂漠といわれる植生に移り変わる。森林の成立にはある一定以上の温度と降水量を満たす気候条件が必要である。

　東アジアには，以上のような様々なタイプの森林や植生が分布しており，植物の種多様性も高い。東アジアに分布している植物について，北米大陸の同じ気候帯の地域と比較した研究によると，属レベルでは1.3倍，種レベルでは1.5倍も分類群の数が多いことが報告されている（Qian, 2002）。モンスーン気候，山脈の配置，過去の気候変動等の複数の要因が，東アジアにおける植物多様性の創出に関係している（和田，2009）。

4．森林の生態系機能と生態系サービス

　森林を，木材を生産する場という視点だけでなく，生態学的なシステム，生態系として考えてみよう。生態系（ecosystem）とは，植物，動物，微生物からなる生物群集と，それらに影響を及ぼし合う非生物的環境からなる，機能的単位としての動的な複合体であると定義される。森林生態系の中で，量的に多い生物は林冠層を形成している高木である。高木は葉を広げ，大気中の二酸化炭素を葉内に取込んで光合成を行い，有機物を生産する。固定された炭素は，生命の維持に必要な活動，呼吸によって再び二酸化炭素として大気中に放出されるが，その他の有機物は枝の伸長や幹の肥大生長等に使われる。枝や幹等の木部は，セルロースやリグニンと呼ばれる物質からなり，これらの物質の約半分は炭素からなっている。大気中の二酸化炭素は，高木の木部になり，数十年も数百年もとどまることになる。このように，森林は二酸化炭素を固定して樹木の木部に溜め込み，大気中の二酸化炭素濃度を減らす機能がある。寿命を迎えた葉や枝は脱落し，林床に落下する。この落葉落枝は，小型の節足動物，菌類，細菌類等，様々な生物に利用され（食べられ）る。葉や枝に取り込まれていた炭素は，この過程で一部は分解（呼吸）によって大気中に戻されるが，一部は生物のからだに取込まれ，一部は土壌となって森林生態系にとどまる。形成された土壌の中には，かつて植物体内にあった窒素やリンも含まれており，これらの栄養塩は利用可能な形に分解された後，一部は再び根から吸収されて植物体

内に取り込まれる。森林植物に吸収されなかった栄養塩の一部は，降雨によって流され，河川における藻類や沿岸域における海洋プランクトンの増殖に利用される。物質の循環という観点で見たとき，森林生態系は樹木の成長や再生産に必要な栄養塩を土壌の形成に伴い再利用できるシステムを有しているといえ，それだけでなく，下流域や沿岸域に栄養塩を供給する機能も有していると考えることもできる（白岩，2011）。水平的にも垂直的にも複雑な構造を持った森林は，急激な豪雨に襲われたとしても，森林を通過した雨水は一斉に河川に流れ込むことはない。林冠層に接した雨水は，葉から枝そして幹へと流れていき，樹幹流となって林床に到達する。直接林床に到達した雨水であっても，落葉落枝からなるリター層やその下にある鉱物土壌層，さらには母岩の割れ目に浸み込んだ後に斜面下方に流出することで，それぞれの経路の間に水流の時間差が生まれる。これは，流出量の平準化（水量調節）機能と呼ばれる。そして，複雑な構造を持った森林には，様々な植物や動物が生育生息しており，高い生物多様性を保持している。森林は，様々な生態系機能を有している自己修復可能なシステムであり，その影響は，周辺の大気や下流の水域にまで及ぶ。

　自然が有している様々な生態系機能の中で，私たちが恵みを得るものを総称して生態系サービス（ecosystem service）と呼んでいる（Ehrlich and Ehrlich, 1981）。2005 年にミレニアム生態系報告書（Millennium Ecosystem Assessment, 2005）が出版されてから，生態系サービスという言葉が一般に広まり，よく使われるようになった（図 1-3）。私たちは似た概念を指す言葉として「自然の恩恵」や「公益的機能」という用語を用いてきたが，「生態系サービス」はより経済活動との結びつきを意識した用語である（伊藤・山形，2015）。経済学の言葉では，私たちを取り巻く自然（生態系）は自然資本（ストック）であり，そこからフローとして生み出される価値のうち，形あるものを財（goods）として，無形のものをサービス（service）として利用していると説明される（伊藤・山形，2015）。生態系サービスは，供給，調整，文化，基盤の４つのサービスからなっている（図1-3）。森林から享受する生態系サービスを考えてみよう。供給サービスとしては，木材，キノコや山菜などの食糧，薬の原料となる薬草や遺伝子資源等が挙げられる。調整サービスとしては，気候の調整，洪水や土壌侵食あるいは斜面

図1-3 生態系サービスと人間の福祉

資料：Millennium Ecosystem Assessment (2005) を改変して引用。
注：矢印の色の濃さは社会経済的な結びつきの強さを，矢印の幅は生態系サービスとの結びつきの強さを示す。

崩壊といった自然災害の制御，水質の浄化，病害虫の制御，花粉の媒介などが挙げられる。文化サービスとしては，森林との関わりの中で培われてきた思想や知識及び文化，信仰，林間実習などの野外教育，森林浴，ハイキングや紅葉狩などが挙げられる。基盤サービスには，物質の循環，土壌の形成，有機物生産など，他の全ての生態系サービスの基盤となるサービスが当てはまる。地球表面の約 8.8％を占めているに過ぎない森林であるが，私たちが森林から受けている生態系サービスは計り知れないほど多岐にわたっているといえる。森林資源の利用は，木材生産だけを中心に据えて行うのではなく，生態系機能を通じて発揮される生態系サービスを劣化させないような管理法を伴って実践されないといけない時代にきている。

5．森林資源の利用と管理

世界の植林地面積は，年々増加する傾向にある。FRA 2015 によれば，植林地

の面積は 2.78 億 ha に達し，世界の森林に占める割合は約 7％に達している（FAO，
2015）。植林地は目的別に生産林と保護林に大別できる。生産林とは木材・非木
材の生産を目的としている植林地であり，保護林とは水土保全や生物多様性の
保全などの生態系サービスの提供を意図して造成された植林地である。ロシア
を含む北東アジアの国々で比較してみると，植林地の面積は中国が圧倒的に大
きく，その面積は 7,898 万 ha に達し，世界の植林地面積の 28％を占めている（表
1-2）。次に植林地面積の大きな国はロシア（1,984 万 ha）であり，世界第 3 位の
面積を有するが，自国の森林面積における植林地の割合は 2.4％に過ぎない。
日本は森林面積の割には植林地の面積が大きく，その面積は 1,027 万 ha に達し，
世界第 7 位の面積を占めている。モンゴルは植林地の面積が極めて少ない。ア
ジア地域（ロシアを除く）における植林地の特徴としては，保護林の割合が 3 分
の 1 以上と高いことである。対照的に，北米，中南米，オセアニアでは保護目
的の植林地は数％以下であり，ほとんどが木材生産を目的にしている（根本，
2017）。世界全体では，生産林が 76％，保護林が 24％を占め，植林地の中では
生産林の割合が僅かながら拡大する方向で増えている。この生産林からの産業
用丸太の生産量は，産業用丸太全体の 3 ～ 5 割を占めており，2030 年までには

表 1-2　北東アジア諸国における天然林（原生林とその他の天然林）と植林地の面積

（単位：万 ha）

森林タイプ／国	原生林	その他の天然林	植林地
ロシア	27,271.8 (33.5)	52,237.2 (64.1)	1,984.1 (2.4)
中国	1,163.2 (5.6)	11,770.7 (56.5)	7,898.2 (41.1)
日本	490.5 (19.7)	978.3 (39.2)	1,027.0 (41.1)
モンゴル	1,255.2 (100.0)	0.0 (0.0)	0.1 (0.0)
韓国	346.0 (56.0)	85.8 (13.9)	186.6 (30.2)
北朝鮮	70.1 (13.9)	362.6 (72.1)	70.4 (14.0)

資料：FAO (2015) 『Global Forest Resources Assessment 2015』
注：カッコ内は各国における全森林に占める割合（％）。

70〜85％の産業用丸太を賄う可能性がある（Carle and Holmgren, 2008）。このように，植林地からの木材供給力の拡大が順調に進むと，天然林への伐採圧が減少する可能性がある（Warman, 2014）。しかしながら，天然林の市場価値が下がり，植林地への置換が促されて，天然林への伐採圧が増加する可能性も考えられるため，注意が必要である（Pirard et al., 2016）。

　天然林からの木材の採取を，植林地から生産された木材で置き換えることによって，天然林の劣化を減らすことができるという仮説（植林の保護便益: Plantation Conservation Benefit）が検証されているが，その一方で，特に大規模な植林地が引き起こす生態系サービスの劣化等，自然や地域社会に対する負の影響も懸念されている。企業によって集約的に管理される植林は，大規模，単一樹種，同齢林を特徴としている（根本，2017）。このような植林地は，IMPIRs（Intensively Managed Industrial Roundwood Plantations）と呼ばれることもある（Charnly, 2005）。単一の樹種で構成され，地域によっては外来種であるため，その地域本来の生物多様性の劣化を引き起こすことが懸念される。同齢林のために森林の階層構造が単純なことも生物多様性低下の一因となる。さらに，大規模な造成に伴う撹乱により土壌流出や水源涵養機能の低下など，生態系サービスの劣化が引き起こされる可能性も考えられる。世界における植林地面積が増加する中，植林地は単に木材を生産する場として考えるのではなく，様々な生態系サービスを提供する場としての機能を有することも期待されている（Baral et al., 2016）。

　ではどのような植林地の造成や天然林の利用を行っていけば良いのであろうか。生態系サービスを考慮に入れて森林資源の持続的利用を図ることは重要であるが，ここで問題なのは，生態系サービスの間には時としてトレードオフ（拮抗）の関係が存在することである。森林生態系がもたらす便益は多岐に及び，それらが調和した状態が最も好ましいと考えられるが，現実には様々なトレードオフやコベネフィット（相乗便益）などの複雑に絡んだ相互関係が存在する（伊藤・山形，2015）。例として，気候変動対策と生物多様性保全を考えてみよう（図1-4）。大気中の二酸化炭素を効率よく固定させその木材を利用するために、IMPIRs のような大規模植林地を造成したとする。成長の早い早生樹種で造成

図1-4 気候変動対策と生物多様性保全の関係を示す模式図

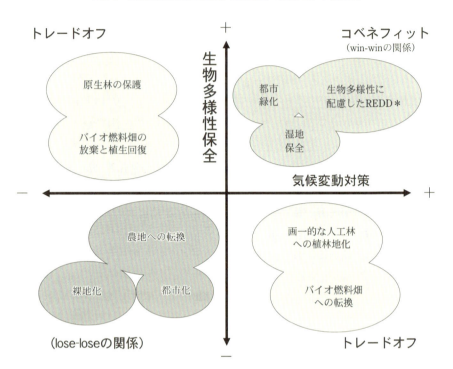

資料：伊藤・山形（2015）を改変して引用。
注：REDDとは，途上国の森林減少・劣化に由来する温室効果ガス排出の削減 (Reducing Emissions from Deforestation and Forest Degradation in Developing Countries) を目的とする国際的な取組である。

された植林地は，大気から二酸化炭素を固定隔離することで一定の気候変動を緩和する機能を持つと評価できる。一方，このような植林地は，上述のように生物多様性が貧弱である。在来種の良好な生息環境にも，木の実やキノコ等の木材以外の非木材林産物（特用材産物）も乏しく，私たちにとってのレクリエーションの場にも馴染まない。気候変動枠組条約（UNFCCC）の排出削減には有用だが，生物多様性条約（CBD）の観点からは望ましくない状態ともいえる（伊藤・山形，2015）。両立しにくい生態系サービスがある場合，どのような価値で重みを割り振るのか，地域によってはこのような難題に対応しなくてはならない状

況も生じてくる。

　生物多様性と生態系サービスに関連する研究例をいくつか紹介したい。スウェーデンは，森林面積が 2,807 万 ha、森林率は 68.4％に及ぶ森の国である。森林面積と森林率は日本と類似している。スウェーデンにおける植林地の面積は約 1,374 万 ha であり、森林に占める割合は 48.9％と高い (FAO, 2015)。スウェーデン国内の温帯林から北方林にわたる生産林を対象に，高木種の多様性と生態系サービスとの関係を調べた研究によると，単一種よりも複数種からなる生産林の方が，複数の生態系サービスの供給量が多いことが示された (Gamfeldt et al., 2013)。ここで対象とした生態系サービスは，高木バイオマス（木材の供給量：供給サービス），土壌炭素貯留量（温暖化を抑制する炭素貯留機能：調整サービス），液果（ブルーベリー）量（非木材生産物の供給量：供給サービス），狩猟環境（レクリエーションの場としての質：文化的サービス），倒木等枯死木量（物質循環や土壌形成の指標：基盤サービス），および林床植物の種多様性（美的，教育的，娯楽的な質：文化サービス）の 6 項目である。単一種に比べ 5 種からなる生産林では，高木バイオマスで 54％，液果生産量で 45％，狩猟環境で 20％，林床植物種多様度で 31％，土壌炭素貯留量で 11％，それぞれ高い値が示された。このような結果が得られた背後には，様々な生態学的過程が隠されている。高木種の種類毎に解析してみると，それぞれの樹種が各種生態系サービスに及ぼす影響は異なり，樹種に依存した正や負の効果が検出された。また，生態系サービス間にはトレードオフの関係もみられた。この研究例では，複数の樹種が組み合わさることによって発揮される生態系機能が，複数の生態系サービスを向上させていたようだ。

　近年，欧州では，増え過ぎた単一種からなる針葉樹人工林を複数種からなる混交林に転換しているが，この一因には上述したような生態系サービスに関する知見の蓄積がある。しかしながら，生物多様性と生態系サービスの関係は，置かれている環境の違いに応じて変化することも考えられる。動的植生モデルを用いたシミュレーション研究によると，1）複数種からなる森林の方が単一種からなる森林よりも複数の生態系サービスの総供給量は多いが，1 つの生態系サービスだけに着目すると単一樹種林で供給量が多い場合がある，2）標高に沿った環境変化に伴い森林の樹種構成が変化し，そのことが標高に沿った生

22 第Ⅰ部 森林資源の重要性

図1-5 森林タイプによる生態系サービスの相対的な供給量の違い

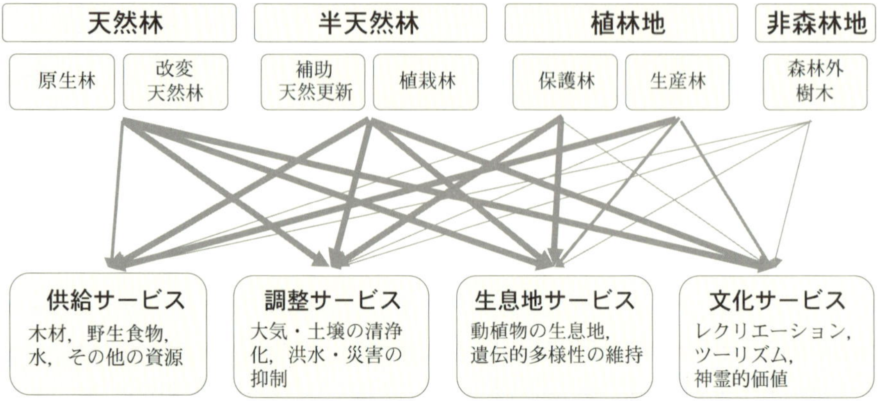

天然林	半天然林	植林地	非森林地
原生林 / 改変天然林	補助天然更新 / 植栽林	保護林 / 生産林	森林外樹木

供給サービス	調整サービス	生息地サービス	文化サービス
木材，野生食物，水，その他の資源	大気・土壌の清浄化，洪水・災害の抑制	動植物の生息地，遺伝的多様性の維持	レクリエーション，ツーリズム，神霊的価値

資料：Baral et al.（2016）を改変して引用。
注：矢印の幅は生態系サービスの相対的な送達率を示す。

態系サービスの種類や供給量変化に大きな影響を与え得る，ということが明らかにされている（Schuler et al., 2017）。この研究結果は，全ての生態系サービスの供給を考慮したとしても，景観全体にわたる1つの解決策は存在せず，それ故に地域の環境条件に合わせながら目的に応じた生態系サービスを高める最善の樹種混合選択をする必要があることを示唆している。

　生態系サービスは，天然林と植林地ではその性質が異なる点にも注意が必要である（図1-5）。植林地であっても時間の経過とともに生態系サービスは変化し，造成初期は大きく異なるが後期には天然林が供給する生態系サービスと類似してくる場合もみられる（Baral et al., 2016）。従って，時間とともに変化する生態系サービスを適切な手法で計測して評価し，それを次の森林管理計画に活用していくことが重要であろう。生物多様性の保全を行いながら，生態系サービスとの調和を図った上で森林資源の利用を行うために，それぞれの森林タイプの特徴を生かしたゾーニングを行うことが有効であろう（藤森，2011）。

参考文献

相場慎一郎（2011），「森林の分布と環境」日本生態学会編・正木隆・相場慎一郎担当編集委員『森

林生態学』（シリーズ 現代の生態学），共立出版，pp.1-20

伊藤昭彦・山形与志樹（2015），「生態系サービスの評価：気候変動対策と生物多様性保全のトレードオフ解消に向けて ―趣旨説明―」．『日本生態学会誌』65, pp.109-113

吉良竜夫（1948），「温量指数による垂直的な気候帯のわかちかたについて」．『寒地農業』2, pp.143-173

吉良竜夫（1976），「陸上生態系―概論―」（生態学講座2），共立出版，

吉良竜夫，四手井綱夫，沼田真，依田恭二（1976, ）「日本の植生 ―世界の植生配置のなかでの位置づけ―」．『科学』46, pp.235-247

白岩孝行（2011），「魚附林の地球環境学―親潮・オホーツク海を育むアムール川」（地球研叢書），昭和堂

塚田松雄（1984），「日本列島における約二万年前の植生図」．『日本生態学会誌』34, pp.203-208

根本昌彦（2017），「世界の植林地造成の現状と将来展望 ―文献調査による論点の整理―」．『公立鳥取環境大学紀要』15, pp.31-45

藤森隆郎（2011），「生物多様性のための順応的管理」．『森林科学』63, pp.18-22

正木隆・相場慎一郎（2011），「用語の定義……原生林と極相林はどう違う？」日本生態学会編・正木隆・相場慎一郎担当編集委員「森林生態学」（シリーズ 現代の生態学），共立出版，viii-xiii

安田喜憲・三好教夫（編）（1998），「図解 日本列島植生史」，朝倉書店

和田直也（2009），「北東アジアの植生と多様性」和田直也・今村弘子編『自然と経済から見つめる北東アジアの環境』，富山大学出版会，pp.62-80

Baral, H., Guariguata, M.R., and Keenan, R.J. (2016) "A proposed framework for assessing ecosystem goods and services from planted forests", *Ecosystem Services*, 22, pp.260–268

Carle, J. and Holmgren, P. (2008) "Wood from planted forests: A global outlook 2005-2030", *Forest Products Journal*, 58, pp.6-18

Charnley, S. (2005) "Industrial Plantation Forestry: Do Local Communities Benefit?", *Journal of Sustainable Forestry*, 21, pp.35-57

Ehrlich, P.R. and Ehrlich, A. (1981) *Extinction: The causes and consequences of the disappearance of species.* New York: Random House

FAO (2012) "FRA2015 – Terms and Definitions", Food and Agriculture Organization of the United Nations, Rome

FAO (2015) "Global Forest Resources Assessment 2015. Desk Reference", Food and Agriculture Organization of the United Nations, Rome

FAO (2016) "Global Forest Resources Assessment 2015. How are the World's Forests Changing?", Food

24 第Ⅰ部 森林資源の重要性

and Agriculture Organization of the United Nations, Rome

Gamfeldt, L., Snäll, T., Bagchi, R., Jonsson, M., Gustafsson, L., Kjellander, P., Ruiz-Jaen, M.C., Fröberg, M., Stendahl, J., Philipson, C.D. and Mikusiński, G. (2013) "Higher levels of multiple ecosystem services are found in forests with more tree species", *Nature communications*, 4, 1340

Keenan, R.J., Reams A, G., Achard, F., de Freitas, J.V., Grainger, A. and Lindquist, E. (2015) "Forest ecology and management dynamics of global forest area: results from the FAO global forest resources assessment 2015", *Forest Ecology and Management*, 352, pp.9–20

Millennium Ecosystem Assessment (2005) *Ecosystems and Human Well-Being: Synthesis*. Washington, DC: Island Press

Pirard, R., Secco, L.D. and Warman, R. (2016) "Do timber plantations contribute to forest conservation?" *Environmental Science and Policy*, 57, pp.122-130

Qian, H. (2002) "A comparison of the taxonomic richness of temperate plants in East Asia and North America", *American Journal of Botany*, 89, pp.1818-1825

Schuler, L.J., Bugmann, H. and Snell, R.S. (2017) "From monocultures to mixed-species forests: is tree diversity key for providing ecosystem services at the landscape scale?" *Landscape Ecology*, 32, pp.1499–1516

Warman, R.D. (2014) "Global wood production from natural forests has peaked", *Biodiversity and Conservation*, 23, pp.1063–1078

Watt, A.S. (1947) "Pattern and process in the plant community", *Journal of Ecology*, 35, pp.1-22

第2章　東アジアにおける森林資源と木材利用

立 花 　敏

　本章では，森林資源の有する機能や特徴を整理するとともに，森林資源の歴史的すう勢について先行研究を参照しながら紹介し，それに対する東アジア諸国の位置づけを中心に検討する。その上で，森林資源と関連づけた木材産業や林産物貿易の方向性を取り上げ，ダイナミックに展開してきた中国を事例に日本や韓国との関係に注目しながら分析する。それらを踏まえ，森林管理や木材利用という観点から東アジアの今後に望まれる関係を考察する。

1. 森林資源の有する多面的機能：私的財と公共財

　自然資源には再生可能なものが少なくなく，それらを適切に保全・活用するならば一定水準の質と量を継続的に保つことができる。地下に埋蔵されている化石燃料や鉱物資源などの枯渇性資源の消費には，二酸化炭素の排出や加工過程での多量のエネルギー消費が伴い，地球温暖化などの環境悪化を生じさせるという負の側面があることから，再生可能なあらゆる資源を適切に保全しつつ活用する社会を構築することが私たちには求められている（立花，2015）。森林[1]はまさにそうした自然資源の代表格である。

　森林の世代交代（更新）の仕方としては，萌芽や下種などによる天然更新と，造林や播種という人為による人工造林とがある。更新の仕方と人為の程度により森林は分類される。すなわち，過去に人為の加わった記録も重大な自然災害の起こった痕跡もない森林が原生林であり，それに人為や重大な自然災害など

の認められる森林を含めたものが天然林となる。天然林が伐採された後や草地などに，人為によって造林（植栽）が行われた森林を人工林と呼ぶ。伐採や自然災害の後に天然更新した森林のことを二次林ともいう。

　身近なところに草本が毎年生えることから想像できるように，条件が崩れない限り天然更新により天然林は再生し，人為により再造林することによって同様な人工林を造成することができる。だが，世界的に進行する熱帯林減少のことからも推察されるように，過度な森林伐採や大規模な火入れ開拓，違法伐採などにより生態系のバランスが崩れると，再生させることは困難となる（井上，2003）。

　森林資源は，適切な管理により再生させることが可能であり，そのための方策を私たちは考えていなければならない。再生可能な森林資源は，適切に保全・活用するならば一定水準の資源の質と量を継続的に保つことができ，自然資源の効率的な利用やリサイクル，リユースを行う循環型社会の実現には不可欠な資源である。例えば，森林資源から産出される木材は，住宅や大型建築物の建築用材などとして利用され，一定年数使用されて解体した後には古材として再利用されたり，繊維板などの木質ボード材を用いた家具などに再加工したりすることが可能であり，最終的には燃材としてエネルギー源にすることもできる（木材のカスケード利用）。

　このような森林には，公益的機能と生産機能からなる多面的機能がある。多面的機能は，森林の生物性に関わる機能，自然環境の構成要素としての生物性・物理性を併せ持つ機能，人々の生活，文化，あるいは歴史性・国民性にかかわる機能に大別される。日本学術会議（2001）は，森林の有する多面的機能について，①生物多様性を保全する機能，②地球環境を保全する機能，③土壌の侵食を防止し保全する機能，④水源を涵養する機能，⑤快適な生活環境を形成する機能，⑥都市民への保健休養，レクリエーション機能，⑦文化的な諸機能，⑧国内木材生産・バイオマス生産と安心などに分類している。発現の仕方やレベルに差はあるものの，大なり小なり私たちの生活に密接に関わっていることは想像に難くない。森林の機能は，地理的には地球規模から特定の限られた地域まで種々あり，またそれを享受する消費者の範囲は地理的規模にほぼ連動して

大小がある。私たちは，様々に森林資源からの便益を享受しているのである。

　森林の有する諸機能に関して，私的財と公共財という概念から整理すると，図2-1のように描ける（立花，2003）。公共財は道路や公園などのように消費の集合性（非競合性）と排除不可能性（非排除性）の性質を備えた財をいい，私的財は一般に市場取引される財であり両性質を持たない。森林の機能については，図からも分かるように木材という私的財としての側面から，炭素固定や生物多様性保全など純粋公共財としての側面まで多面的な特質を有している。森林にはこういった財としての多面性があるにも関わらず，市場価格である木材価格は純粋私的財として評価され，市場取り引きされない公共財としての価値が反映されているとは言い難い。たとえば，現状では森林再生・保全へのコストが適正には含まれていないと判断される。つまり，われわれはこの部分についてフリーライダーの性格を有しており，安価に森林の諸機能を享受していることになる。あるいは，森林資源の量的減少や質的低下に伴って次第に諸機能を享受できなくなってきている面すらある。

　日本において，森林の有するこれらの公益的機能を経済評価する試みが1970

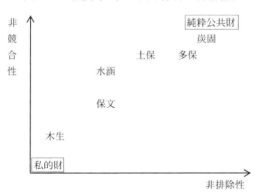

図2-1　経済学的にみた森林の諸機能

資料：柴田弘文・柴田愛子著『公共経済学』東洋経済新報社，1988年を参考にした。また，この整理は赤尾健一著『森林経済分析の基礎知識』京都大学農学部，1993年が詳しい。
注：木生－木材生産機能，水涵－水源涵養機能，土保－国土保全や土壌保全の機能，保文－保健文化機能，炭固－炭素固定機能や大気浄化機能，多保－生物多様性や遺伝資源の保全

年代より行われてきている。具体的には，1972年に年間12兆8,200億円，1991年に年間39兆2,000億円，2000年には年間74兆9,000億円という試算結果が林野庁より公表されている。経済評価できる機能とできない機能があるわけだが，森林資源の一部についてだけでもこれだけの価値がある点には留意すべきだろう。

2．歴史的にみた東アジア諸国の森林資源の位置づけ
（1）森林資源の歴史的すう勢

井上（1992）によると，森林資源の歴史的すう勢は4段階に分けて考えることができる（図2-2）。第Ⅰステージは狩猟・採集段階であり，この段階では森林の減少はなく生態系と社会とは安定した関係にあった。一定面積の土地収容能力を超えない範囲内に人口規模が収まっていたからである。第Ⅱステージは農業段階であり，森林は食料の場に供されるべく開拓され，人口増加および都市域の拡大とともに森林は減少することとなる。しかしながら，その後には農地の集約度の高まりとともに，森林減少の速度は低減し得る。また，狩猟採集社

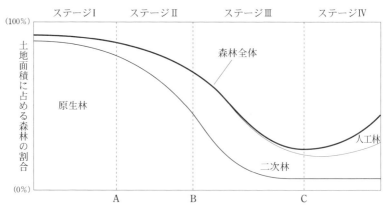

図2-2　森林資源の歴史的すう勢モデル

資料：井上真［1992］「森林利用様式の特徴に基づく熱帯林保全の基本方針」『森林文化研究』第13巻より引用。
注：1）「原生林」とは，人手の入っていない自然林と，老齢二次林の両方を含む。
　　2）「二次林」には，焼畑跡地の二次植生や，木材伐採跡地の既伐採林が含まれる。
　　3）A点以降，原生林面積は安定する。
　　4）B点とC点の間では，森林全体の面積がほぼ安定する。この期間は，ステージⅢからⅣへの移行期間である。

会に比べてかなり発達した社会制度が確立していたと考えられ，食料供給基地以外の地域では人々が慣習法のもとで森林や農地を持続的に利用していた。第Ⅲステージは工業化段階であり，産業革命を経て工業の著しい発展が起こり，それに伴って森林は大規模に破壊されることになった。人口増加よりも経済規模の拡大により燃料や建築用の木材需要が激増し，また人間活動の基準が経済の論理に変わるとともに森林の減少は加速した。他方で，この期の後半には木材需要の増加に伴う木材価格の上昇を背景に林業が成立するようになり，原生林からの良質な木材の伐出とともに造林活動が活発になっていく。第Ⅳステージは脱工業化段階であり，人口の安定や農業生産の必要性の減少が起こる。森林の低下により生態系の不均衡が広がるとともに，豊かになった人々の森林への需要が変化し，レクリエーションや自然保護が重視されるようになる。この段階では，森林を生産林や保護林などに区分（ゾーニング）し，多様な森林を造成する一方で，木材生産のために人工林の造成が積極的に行われる。ここでは，森林の質的側面が重要視され，ニーズの多様化とともに多様な森林が造成されことになる。

　経済発展に伴って森林資源が減少から増加へと転じる可能性は，国内外の研究者から指摘されている（メイサー，1992；Youn et. al, 2017）。数百年を超えるタームでの推計をもとにするならば，フランスやデンマーク，日本，韓国などでは森林が増加に転じている（熊崎，1993；永田・井上・岡，1994）。つまり，一国単位で見る場合には経済発展に伴って森林は増加する可能性があり，それを実現するべく長期的視点からの地道な取り組みが求められる。また，それを世界規模でもいかにして実現できるか真摯に国際社会として考えていかなければならない。その意味では，森林減少の進む発展途上国において自然資源保全的な経済発展をいかに実現するかは，国際社会としても重要な課題である。たとえば，一国内の森林資源を考えると，適切なゾーニングのもとで木材生産を目的とする生産林では林齢構成の平準化を指向することが有効だし，さらに国際的に考えると資源の持続性を保障する一定の基準のもとで，資源保全的な貿易枠組みが構築されなければならない。

　また，森林が増加に転じればそれで良いということにならない点にも留意が

30　第Ⅰ部　森林資源の重要性

必要である。森林の諸機能を十全に発揮させられるように，とくに人為の加わった森林においては継続的かつ適切な管理により良好な状態に誘導しなければならない。また，公益性をより追求すべきかつ国民の安全・安寧にとって重要な箇所は保護林などとして管理する必要がある。森林の態様は国や地域により様々であり，さらに森林政策の課題も各国，各地域により異なる。また，それらは林産物貿易や地球規模の環境対策を通じて強く関連づく。今あるいは今後においていかなる森林政策が必要かを，林産物貿易を通じて関連する諸外国の事情も織り交ぜて考えていくことは重要なのである。

（2）1990 年代以降の世界の森林面積と東アジア諸国の位置づけ

　図 2-2 に示した森林資源の歴史的すう勢モデルおいて，世界の国々はどの位置にあるのだろうか？　世界の森林面積データに信ぴょう性が高い 1990 年代以降を取り上げてみよう。

　世界の森林面積は，1990 年の 41 億 2,827 万 ha（陸地面積の 31.6％）から 2015 年の 39 億 9,913 万 ha（同 30.6％）へ 1 億 2,900 万 ha 減少した。時期を分けると，1990 年代に年平均 726.7 万 ha，平均年変化率 0.18％での減少であったが，2000 年代前半に各々457.2 万 ha，0.11％，2000 年代後半に 341.4 万 ha，0.08％とスピードを緩めながら減少が続いた（表 2-1）。さらに 2010 年代前半にも各々330.8 万 ha，0.08％の減少となった。25 カ年の間に減少の程度はだいぶ改善しているものの，この 10 年間を 5 年ずつに区切ると著しい改善とはなっていない。更

表 2-1　1990 年代以降の世界の森林面積

	森林面積 （億 ha）	平均年変化 （万 ha）	平均年変化率 （％）
1990	41.28		
2000	40.56	-726.7	-0.18
2005	40.33	-457.2	-0.11
2010	40.16	-341.4	-0.08
2015	39.99	-330.8	-0.08

資料：FAO (2015) Global Forest Resources Assessment 2015: How are the world's forests changing? Table 1

新の仕方で分けると，2010年代前半において天然林は年間700万ha近く減少し（表2-2），人工林は約300万ha増加した。特にアフリカ，南米，アジアの天然林面積は各々310万ha，200万ha，100万haの減少であった。

　森林面積の増減には地域性があり，経済問題や気候条件などが強く影響している。2010年代前半にアジアや欧州，北・中米，オセアニアでは各々年間80万ha，40万ha，10万ha，30万haの増加となり，アフリカと南米では280万ha，200万haの減少となった（表2-2）。赤道直下の発展途上国を中心にして，特に南半球の国・地域において速いピッチで森林減少が進んでいる。1990～2015年に森林面積が年間50万ha超で減少したのはブラジルやインドネシアであり，アフリカ地域や南アメリカ地域にある国々の多くで森林面積が大きく減少している。これらの国々は図2-2のステージⅢにあると考えられる。他方で，東南アジアや南アジア諸国においては，インドやベトナム，フィリピンをはじめ，森林面積が減少から増加へ転じている国が目に付くようになった。国家プロジェクトや国際協力，木材ビジネスにより植栽面積が増えているからである。中国では年間150万ha超の増加を記録し，また，フランスなどの欧州諸国，米国，ロシア，中東諸国の一部などにおいても森林面積が増加している。これらの国々は，ステージⅣに移行したと言えよう。

　ここで，東アジアにおける1990～2015年の森林面積を見ておこう（表2-3）。日本の森林面積は約2,500万haで安定し，1950年代後半から1970年代にかけ

表2-2　2015年における世界の森林面積

(単位：百万ha)

国・地域数	アフリカ 58	アジア 48	欧州 50	北・中米 39	オセアニア 25	南米 14	合計 234
森林	624	593	1,015	751	174	842	3,999
2010～15年の年間森林面積変化	-2.8	0.8	0.4	0.1	0.3	-2	-3.3
天然林面積変化	-3.1	-1	0	0.1	0.3	-2	-7
植栽林	16	129	82	43	4	15	290
生産林	165	247	511	124	13	127	1,187
多目的利用林	133	129	238	391	54	104	1,049
保護地域内の森林	101	115	46	75	27	287	651

資料：FAO (2015) Global Forest Resources Assessment 2015: How are the world's forests changing? Global profiles 及び Rigional profiles

32 第Ⅰ部 森林資源の重要性

表2-3 日中韓露の森林資源概要

	1990	2000	2005	2010	2015	1990-2015	
	森林面積（1,000ha）					1,000ha	%/年
日本	24,950	24,876	24,935	24,935	24,966	0.3	0
中国	157,141	177,001	193,044	200,610	208,321	2,047.2	1.1
韓国	6,370	6,288	6,255	6,222	6,184	-7.4	-0.1
ロシア	808,950	809,269	808,790	815,136	814,931	239.2	0.0

資料：FAO (2015) Global Forest Resources Assessment 2015: How are the world's forests changing?

表2-4 2015年における日中韓露の態様別森林面積

	原生林		天然林		人工林（植栽林）		合計
	1,000ha	%	1,000ha	%	1,000ha	%	1,000ha
日本	4,905	19.7	9,783	39.2	10,270	41.1	24,958
中国	11,632	5.6	117,707	56.5	78,982	37.9	208,321
韓国	3,460	56.0	858	13.9	1,866	30.2	6,184
ロシア	272,718	33.5	522,372	64.1	19,841	2.4	814,931

資料：表2-3に同じ。

て展開した拡大造林[2]により人工林を中心に森林蓄積量が年々大きくなってい
る。日本は既にステージⅣに入り，森林面積としては安定していると見なされ
る。日本では人工林（植栽林）面積が森林面積の約4割を占め（表2-4），スギや
ヒノキなどの針葉樹人工林の利用に期待が寄せられている。中国の森林面積は
1990年の1億5,714万haから2015年の2億832万haへ年平均約205万ha，
年率1.1%で増加しており，特に旺盛な人工造林が森林面積の増加に寄与して
きた。広大な中国では省や自治区などにより差異はあるものの，国としてみる
と既にステージⅣに入っていると考えられる（Zhang et al. 2006）。中国の人工林
面積も森林面積の4割近くを占め，ポプラやコウヨウザンなどの成長のよい樹
種が産業用に用いられている。韓国は，朝鮮戦争により焼け野原となったが，
森林面積は600万haを超えている。国を挙げて行われた人工造林により森林造
成が進み，現在では森林面積の3割余が人工林となっている。だが，都市開発
などによりわずかずつだが，森林面積は減少傾向を示している。微減の状況か
ら判断は難しいが，ステージⅣに入っていると言っていいのではないだろうか。
また，ロシアは2015年に8億1,493万haの森林面積を有し，原生林が33.5%，

天然林が64.1%，人工林が2.4%という割合である。1990年以降に年平均約24万haのペースで増加しており，そのうち人工造林は年間数万haに過ぎないことから，天然更新によるところが大きい。

3．中国を事例にみる林産物貿易構造の変化

前節で示した森林面積を人口で割った1,000人当たり森林面積は，日本が197ha，中国が151ha，韓国が123haであり，世界平均の544haに対して23～36％の割合に過ぎない。国や地域により森林の態様や木材利用に差異があることから一概には言えないが，もし森林が世界中で同等に利用されて過不足がなく，同様の木材消費構造だと仮定すると，東アジア3カ国は外国からの木材輸入が必須となろう。

ここで，林産物貿易構造が2000年代以降にどのように変化してきたかを，中国を事例にして見てみよう（表2-5）。ちなみに，FRA2015によると中国の木材生産量は2011年に7,449万6,000m³（うち薪炭材9.3％）であり，その量はインドの4億3,476万6,000m³（同88.6％），米国の3億2,443万3,000m³（同12.5％），ブラジルの2億2,892万9,000m³（同50.7％），ロシアの1億9,700万m³（同22.2％）などに続いて世界第8位に位置している。中国では木材産業の発展と共に多くの用材を必要とするようになっており，官民挙げて人工林造成を進めるなか，産業用の木材生産が傾向的に増加している。

まず丸太貿易については，2000～2014年に輸入超過量は4倍程度に増加した。輸出は2000年の26,711m³から年々減少し，リーマンショック後に若干増加したものの近年も1万m³程度にとどまっている。それに対して，輸入は2000年の1,361万m³から2007年の3,713万m³へ一貫して増加し，その後に若干の増減を繰り返したのちに2014年には5,120万m³まで増えている。その中で針葉樹丸太の占める割合が2000年の47％から高まり近年には70％を超えている。針葉樹丸太の大部分は2000年代半ばまでロシアからの輸入であったが，それはロシアの丸太輸出関税の引き上げに伴って減少し，代わってニュージーランドやカナダからの輸入が増えている。広葉樹丸太では熱帯材が多く，全丸太輸入量の4分の1を占める。

34　第Ⅰ部　森林資源の重要性

表 2-5　中国の林産物貿易構造

(単位：1,000m³、1,000件、%)

		2000	2001	2002	2003	2004	2005	2006	2007	2008	2009	2010	2011	2012	2013	2014	2000年比
丸太	輸出	26.7	17.7	11.0	9.4	6.1	6.9	4.3	3.7	2.8	12.7	28.4	14.4	3.6	13.1	11.7	44
	輸入	13,612	16,864	24,333	25,455	26,309	29,368	32,153	37,133	29,570	28,059	34,347	42,326	37,893	45,159	51,195	376
	うち針葉樹	6,401	9,142	15,783	15,020	16,004	18,270	19,718	23,271	18,577	20,303	24,274	31,465	26,769	33,164	35,839	560
	輸出超過	-13,585	-16,846	-24,322	-25,446	-26,302	-29,361	-32,149	-37,129	-29,567	-28,047	-34,319	-42,311	-37,889	-45,146	-51,183	
製材品	輸出	414	450	448	543	489	682	830	764	717	561	539	544	480	458	409	99
	輸入	3,614	4,034	5,484	5,598	6,052	6,054	6,153	6,558	7,182	9,935	14,812	21,607	20,670	24,043	25,739	712
	輸出超過	-3,199	-3,584	-5,035	-5,055	-5,562	-5,372	-5,323	-5,794	-6,464	-9,374	-14,273	-21,063	-20,190	-23,585	-25,330	
単板	輸出	53	62	93	107	110	104	144	153	146	114	158	247	206	204	256	479
	輸入	649	336	287	223	154	152	134	130	92	72	110	200	343	600	986	152
	輸出超過	-596	-273	-194	-117	-44	-48	10	23	54	42	49	47	-137	-395	-730	
削片板	輸出	26	25	51	67	131	95	142	180	193	125	166	87	217	271	373	1,419
	輸入	344	448	590	624	653	634	541	525	374	447	539	547	541	587	578	168
	輸出超過	-318	-423	-539	-557	-522	-539	-399	-345	-181	-322	-374	-460	-324	-315	-205	
繊維板	輸出	35	27	80	64	510	1,377	1,968	3,057	2,383	2,031	2,569	3,291	3,609	3,069	3,206	9,079
	輸入	1,015	1,070	1,252	1,394	1,377	1,137	924	703	505	453	400	306	212	226	239	24
	輸出超過	-979	-1,043	-1,171	-1,331	-867	240	1,044	2,354	1,878	1,578	2,169	2,985	3,398	2,843	2,967	
合板	輸出	687	965	1,792	2,040	4,305	5,584	8,304	8,716	7,185	5,635	7,547	9,572	10,032	10,263	11,633	1,693
	輸入	1,002	651	636	798	799	589	413	304	294	179	214	188	179	155	178	18
	輸出超過	-315	315	1,156	1,243	3,506	4,995	7,890	8,412	6,891	5,456	7,333	9,384	9,853	10,109	11,455	
家具	輸出	91,341	93,612	117,969	142,180	175,778	211,601	248,150	280,365	242,633	247,470	298,327	289,157	286,991	287,405	316,269	346
	輸入	625	576	572	876	852	863	1,290	2,469	3,148	3,299	4,361	5,497	6,368	7,385	9,846	1,576
	輸出超過	90,716	93,035	117,397	141,303	174,926	210,738	246,860	277,896	239,485	244,171	293,966	283,660	280,623	280,021	306,423	

資料：国家林業局編『中国林業統計年鑑 2010』『中国林業統計年鑑 2014』中国林業出版社.

注：輸出超過の欄が輸出量と輸入量の差と整合しないのは四捨五入による。

製材品についても輸入超過が続いており，その度合いは 2000～2014 年に 8 倍近くに強まっている。その輸出は 2000～2006 年に 2 倍の 83 万 m³ となったが，その後は減少傾向となり 2014 年には半減した。輸入については，2000 年の 361 万 m³ から 2007 年の 656 万 m³ へ増加が続き，その後も傾向的には増加して 2014 年には 2,574 万 m³ となった。製材品輸入のうち熱帯材製材品は減少し，ロシアやカナダなどからの非熱帯材製材品が大幅に増加している。熱帯材製材品の輸入が減少している理由としては，東南アジア諸国やアフリカ諸国での違法伐採問題の顕在化とそれへの対応があると考えられる。また，ロシアやカナダからの製材品輸入の増加には，中国における集成材工業などの発展に伴う木材需要の増加とロシア材丸太輸入の減少に対応した原料調達の多角化の両面がある。

　合板については，輸出が 2000 年の 69 万 m³ から 2004 年の 431 万 m³ へ，さらに 2007 年の 872 万 m³ へ大幅な伸びを示し，リーマンショック後には減少したものの，2010 年代に入って増加基調となり 2014 年には 1,163 万 m³ に達した。この間の輸入は 2000 年の 100 万 m³ から 2010 年の 21 万 m³ へ減少し，2012～2014 年には 18 万 m³ を下回る水準にとどまっている。この過程で 2001 年に輸出超過となり，その量は著しい伸びを示した。合板輸出量は 2002 年や 2004 年に大幅に伸びており，この頃に産業としての大きな発展のあったことが推察される。合板は単板を接着剤で貼り合わせて仕上げるため，製材に比べて他産業への経済波及効果が高く，経済発展の過程で大きな力になると考えられる。そして，近年は 1,000 万 m³ 超の輸出超過となっている。

　合板の原料として使用される単板については，合板工業の発達に牽引される形で単板製造業に輸入代替が進み，輸入超過から輸出超過へという構造変化が 2006 年にあった。だが，2010 年代に入り再び輸入超過となっている。米国や日本，韓国への合板輸出が増加する中にあり，その原料となる単板の国内供給が限られて輸入が増えたのである。

　削片板では輸入超過が続き，その量は 18 万～546 万 m³ の範囲にある。内容を見ると，輸出は増減を繰り返して傾向的には増加しているが，輸入は 50 万 m³ 超の年が少なくない。他方，繊維板の貿易は 2005 年に輸入超過から輸出超

過に変わり，近年は 300 万 m³ 程度の輸出超過が続いている。輸出量の推移から見て，中国では 2000 年代半ばに繊維板工業への設備投資がなされたと考えられる。

　中国の家具については，2000〜2014 年の間に輸出量は 3.5 倍に，輸入量は 16 倍に増加し，輸出超過も 3 倍余りになった。日本の家具製造企業が 2000 年代に中国へ進出するなど，中国では外資企業の誘致を進めて付加価値の高い家具産業の育成を行ってきた（森林総合研究所編，2010）。中国の家具産業は，国内生産した集成材や合板などを家具材料として使用しており，より付加価値を高めた家具製品を輸出に向けてきた。また，増値税還付[3] や来料加工[4] と進料加工[5] に対する関税措置に代表される産業政策も家具産業を大きく発展させたのである。他方，国内に富裕層が増加する中でイケアに代表される輸入家具への需要も 2000 年代半ばから増加している。

　このように中国の林産物貿易を概観すると，家具や合板，繊維板という高付加価値製品の製造，そして輸出に力を入れてきた。これらを製造する多くの企業は沿岸やロシアとの国境沿いに立地している（森林総合研究所編，2010）。また，合板製造業は 2001 年に，繊維板製造業も 2005 年に輸出超過となってその構造が安定したことから，この頃に産業としてより発展したことが分かる。中国ではポプラなどの国内人工林材を主たる合板原料としており，その資源の充実と安価な原料調達，また増値税還付や関税措置などにより合板産業が発展してきたと考えられる。そして，その輸出先には日本や韓国も含まれている。なお，削片板と繊維板の製造においても人工林材が原料として重要な位置にあり，合板製造や製材品製造の端材も同様に利用されていると考えられるが，両者の差異がどのようにして生まれているのかは今後の調査を待たなければならない。

4．方向性としての森林管理と木材利用の高度化

　東アジア 3 カ国では 1 人当たり森林面積としては世界平均を下回るものの，第二次世界大戦後に人工林造成を進め，林産物輸入に依存しながらもその利用が進展し始めている。中国の林産物貿易の事例から読み取れるように，世界的に見ると木材利用は製材品から合板，集成材，木質ボードへと高度化し，林産

物貿易も丸太主体から製材品へ，さらに合板や集成材などへと変化している。加工貿易を担ってきた合板産業を例にとると，1960年代に日本で発展し，1970年代になってからは日本に代わって韓国と台湾が台頭し，2000年代以降には中国が韓国からその地位を奪った。近年は丸太から高度な木材加工品までを含む林産物の貿易が東アジアにおいても展開するようになっており，日本，中国，韓国の関係はそれを通じて深まっていると考えられる。現状としては図2-3のようにまとめられるだろう。

　日本は中国から木材製品や紙製品の輸入が増え，日本から中国に向けてヒノキなどの丸太輸出も増加している。日本社会が人口減少へ向かうなかにおいて，林産物市場は縮小すると考えられることから，伐期に入ってきた人工林資源の利用に向けて海外の林産物市場，とりわけ比較的高い経済成長が続き人口も多い中国の存在は重要である。また，日本と韓国との林産物貿易の関係はそれほど強くないが，韓国では日本のヒノキ材あるいは木造住宅への需要が高まっており，さらに関係が深まる可能性が出てきている。韓国は輸入材への依存が高い水準にあり，その中でも中国からの木材製品・紙製品の輸入が少なくない。韓国の森林資源状況をみる（第5章参照）と，丸太にしろ木材製品にしろ外国からの輸入が重要な状況は続くと考えられる。また，3カ国ともロシア，特に極東ロシアから林産物を輸入してきたが，その内容はロシアにおける2000年代後半の丸太輸出関税引き上げの影響から丸太から製材品などの木材製品へ変化

図2-3　林産物貿易から見た東アジア3カ国の関係

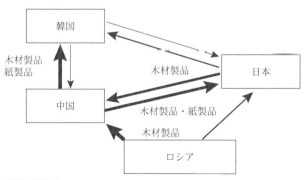

資料：筆者作成

している。この 10 年ほどの間にロシア国内において外資導入を伴って木材産業が発展してきたことから，ロシアの豊富な森林資源を勘案するとこの状況は続くと考えられる。

　社会や経済のグローバル化に伴って，消費者の行動あるいは嗜好も多様になっている。そのことを念頭に日本のことを考えると，日本国内における木材需要の一定部分は海外との貿易で満たすのが自然だろう。その観点からは，日本の木材製品や紙製品の良さを海外において伝え，マーケティングし，その需要を掘り起こしていくことが不可欠となる。他方，技術交流や技術移転はますます必要になると考えられる。私たちは，「持続可能な社会」や「循環型社会」，「低炭素社会」を志向し，また「高齢化社会」への対応を迫られているが，現在の「社会」に何が必要か，どういった「社会」を目指すかについては，イデオロギーを越えて中国や韓国でも同じ状況と思われる。その面で，森林資源の適切な保全・活用が重要であり，木材利用を一層促すために日本の有する技術や人材を活かし，人的交流を促すことが重要となるだろう。

参考文献

アレキサンダー・メイサー著・熊崎実訳（1992）『世界の森林資源』，築地書館，p.324

熊崎実（1993）『地球環境と森林』(社) 全国林業改良普及協会，p.175

井上真編著(2003)『アジアにおける森林の消失と保全』(IGES 地球環境研究シリーズ 4) 中央法規，p.324

井上真（1992）「森林利用様式の特徴に基づく熱帯保全の基本方針」『森林文化研究』13

森林総合研究所編（2010）『中国の森林・林業・木材産業―現状と展望―』J-FIC，p.479

立花敏（2003）「森林政策―再生可能な森林資源の有効活用に向けて」，寺西俊一編著『新しい環境経済政策－サステイナブル・エコノミーへの道』東洋経済新報社，pp.193-226

立花敏（2015）「森林の管理と利用」中村徹編著『森林学への招待　増補改訂版』筑波大学出版会，pp.133-141

永田信・井上真・岡裕泰（1994）『森林資源の利用と再生』(社) 農文協

Y-C. Youn, Junyeong Choi, Wil de Jong, Jinlong Liu, Mi Sun Park, Leni D Camacho, Ellyn D Damayanti, Nguyen Din Huudung, Satoshi Tachibana, Padam Parkash Bhojvaid, Phongxiong Wanneng Othman Mohd Shawahid (2017) Conditions of Forest Transition in Asian Countries, *Forest Policy and Economics* 76, pp.14-24

Yufu Zhang; Satoshi Tachibana; Shin Nagata（2006）Impact of Socio-Economic Factors on the Changes in Forest Areas in China, *Forest Policy and Economics* 9, pp.63-76

注

1) 国連食糧農業機関（FAO）は，2000 年に公表した「世界森林資源評価」（FRA）において，森林を樹木の樹冠被覆が地表の 10％以上を占める 0.5ha 以上の土地と定義した。
2) 第 6 章で取り上げる。
3) 増値税は主に貨物の販売と輸入に課せられる付加価値税であり，税率は品目によって異なる。林産物に関しては，1994～95 年に丸太 13％，製材品 17％，繊維板 17％，合板 17％等であったが，2004～05 年にはそれぞれ 0％，0％，13％，13％のように変更され，加工度の高い林産物のみが還付の対象となった。こうして政策的に高付加価値産業の振興が図られたのである。
4) 中国企業が外国の委託企業から無償で供与された輸入原材料を加工し，その製品が輸出に向けられる形態である。委託企業は中国企業に加工賃金のみを支払う。加工製品を再輸出するための輸入原材料は免税され，その製品も輸出税の納付は必要ない。また，加工生産に必要な設備，材料なども免税される。
5) 中国企業が原材料を購入し，加工した後にその製品を輸出する形態である。認可を受けた企業が加工貿易を行う場合には，輸入原材料は保税扱いとなり，加工製品を再輸出する限り，輸入原材料とその製品に対する関税の納付は必要ない。

第Ⅱ部　森林・木材資源の利用

第3章　中国の森林：現状と政策

今 村 　 弘 子

1．中国の森林政策の経緯

　中国の国土は広大なものの，耕作地に適する平地は少なく，中華人民共和国成立以前から「耕して天に到る」といわれるほど山地も開墾せざるを得ない状況だった。さらに中華人民共和国成立以後の大躍進期（1958〜60年）にはいわゆる土法[1]高炉と称される小型の高炉の燃料として樹木が乱伐されることになった。さらに文化大革命時代（1966〜76年）には三線建設の掛け声のもと，内陸部に多くの重要工場を移転させるなど，経済成長のなかで，森林が顧みられることは少なかった[2]。

　1979年には「環境保護法（試行）」が施行され，1984年には環境保護局(2008年に環境保護部に)も設立されたが，森林については，1992年6月にブラジルで開催された国連環境開発会議で採択された「リオ宣言」「アジェンダ21」（およびその11章である「森林に関する原則声明」）に従って「中国アジェンダ21」が立案され，持続可能な森林経営をめざすことになった（劉・山本，2008，p.97）。

　改革開放政策以降，植林事業も一連の国家プロジェクトにはなり，1985〜95年は林業振興期ともいわれた（黄，2002）が，森林の被覆率は10％台にとどまった。1998年に長江流域で大洪水が起こった後，森林の重要性があらためて認識されるようになった。1998年の大洪水は「100年に一度の大洪水」であったが，決して「100年に一度の豪雨」ではなかった。それにもかかわらずなぜ大洪水になったのか。長江上流で森林が伐採されたことによって，保水能力が減少し

たことが原因だったといわれている。このため中国は1999年から「退耕還林」政策，すなわち傾斜25度以上の山地を開墾して作られた耕作地および15〜25度の水源地の耕作地を森林に戻す（植樹を主とする）運動を始めた。その結果，森林の被覆率は世界の30.8％(2015年)に比べればまだ低いものの，1990年の16.7％から2015年には22.2％にまで回復している[3]（図3-1）。

被覆率についていえば，地域的には全国平均よりも高い地域もある。例えば北京では森林の被覆率は2011年の37.6％から2014年には41％にまでなっている[4]。もちろん「森林の質」の問題があるので，一概に評価できるか否かはわからないが，中国の「退耕還林」政策の本気度はうかがわれる。全国では2014年段階でも人工林の面積は森林面積全体の36.2％であるが，北京では森林面積は58.73万haに過ぎないが，63.3％と人工林が過半を占める（もっとも上海では天然林はゼロであり，人工林が6.81万ha）。しかもヘクタール当たりの森林資源の蓄積量が全国の天然林は100.92 m³/haであるのに，北京の人工林は21.15 m³/haであり（天然林でも29.64 m³/ha）[5]，樹齢が若い樹木が多いものと思われる。1980年代以降に植林された樹木が40年の月日をかけ，ようやく二酸化炭素の吸収力などが増す時期を迎えることになる。

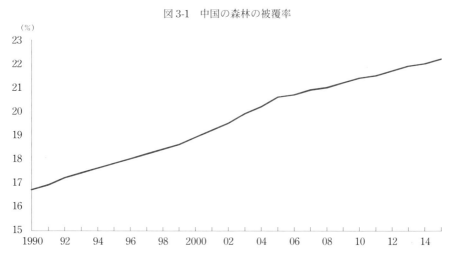

図3-1　中国の森林の被覆率

資料：http:data worldbank org/indicator/AG.LDN.FRT.ZS?locations=CN

被覆率の地域的な差は大きい。概して東南部の地域の被覆率は高く，福建省 65.95％，江西省 60.01％，浙江省 59.07％となっている。それに対し西部は極端に低く，新疆ウィグル自治区 4.24％，青海省 5.63％，チベット自治区 11.98％である（いずれも 2014 年のデータ）[6]。

植林面積については図 3-2 に示す通りである。1985 年以前は活着率を 40％としていたが，1986 年以降は 85％以上とされている。1985 年以前の植林の状況を見てみると，低い活着率で計上しているにも関わらず，年平均の植林面積は 407.2 万 ha にすぎない（1953～78 年の平均だとさらに低く，376.2 万 ha）。例えば大躍進直後の 1962 年の植林面積は 120 万 ha にすぎず，植林より食糧生産などを優先せざるをえなかったことがうかがわれる。2002, 03 年に異常に植林面積が高くなっていて，その反動か 2005～07 年はやや不活発であったが，その後は年間 500 万 ha 以上の植林面積を維持している。1985 年以降は年平均 557.4 万 ha の植林を行っていることになる。

1980 年代の植林では華北平原ではポプラ，南方沿海部ではユーカリというそ

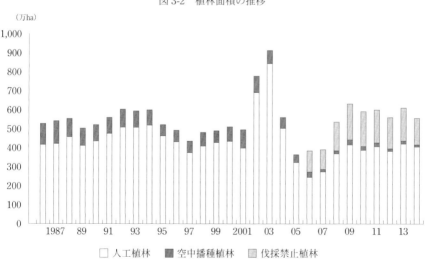

図 3-2　植林面積の推移

資料：『中国林業統計年鑑 2014』p.432
原注：1985 年以前は植林の活着の達成率は 40％であったが，86 年以降は 85％以上である。2006 年以降の「伐採禁止造林」とは，いったん樹木がなくなった，あるいはまばらになった林地で新たに伐採を禁止し，植林を行うようになった土地である。

44　第Ⅱ部　森林・木材資源の利用

れぞれ早生樹が主となり，ボードやチップとして利用されるようになった（平野・堀，2010, p.232）。

2．森林の保護政策と阻害要因

　植林とともに天然林の伐採禁止の保護措置もとられるようになった。中国には 2013 年に 18.28 億畝（1 畝＝6.67 アール）の天然林があるが（国家林業局，2014, p.2），1998 年以降長江上流，黄河中上流および東北，内蒙古の天然林 9.17 億畝が保護対象となり，保護の結果蓄積量は 1.09 億㎥増加した[7]。反対にいえば 9.11 億畝の天然林は保護の対象になっていないことになる。天然林の保護としてはまず長江・黄河流域での天然林の伐採が全面的に停止されることになった。東北地方では林業関係者が多かったこともあって，「段階的な生産量の削減」が行われることになった（平野ら，2010, pp. 204-207)。東北地方には国有企業が多くあることから，厳しい就業問題が存在している。林業関係でも国有林が多く，天然林の伐採を即時に禁止すると，加工業も含めて失業問題が大きくなることが予想された。このため林業関係者の転職がうまくいっているとアピールしながら，2014 年から順次東北地方の天然林の商業伐採を地域ごとに禁止していった。林業関係者の転職についていえば，例えば黒竜江省の伊春では，伊春エコロジカル経済開発区と友好林業局ブルーベリー産業パークが設置され，林業関係者の就業保障が行われている[8]。また一部には森林労働者の海外派遣，とくにロシアへの派遣も行われている。中国での天然保護林の部分的伐採禁止以降，林業関係者の失業者が増大する一方で，中国で毎年 4,500 万〜5,000 万㎥の木材が不足した。一方でロシアではソ連解体により極東地域の人口が 100 万人余流出し，病虫害の管理などの森林資源の保護や森林火災への対処すらできない状況になっていた。このため例えば吉林省では林業下崗[9] 労働者を中心に毎年 1,500 人程度の林業労務人員をロシアに派遣しているほか，吉林省農業合作公司と国際合作公司は毎年 50〜80 名の労務人員を森林伐採および木材加工人員として沿海地方に派遣しており，また吉林省工程建設有限公司はチタ州に 500 名の労働者を派遣，期間は 20 年で契約金額は 1,200 万㌦である[10]。2014 年には国家林業局が改めて「商業的伐採を全面的に禁止することに関する通知」を

出しており，それに基づいて黒竜江省の竜江森林集団と大興安嶺林業集団が天然林の商業的伐採を全面的に禁止し（国家林業局，2015），2015 年には吉林省と内蒙古でも重点国有林区の天然林の商業的伐採が全面禁止になった（国家林業局，2016 [11]）。

　生産の面ではどのように推移しているか。国内の丸太の生産量は徐々に増加しているが，とくに針葉樹の生産量は改革開放政策以降急拡大している。針葉樹・広葉樹ともに 1996 年にいったんピークを迎えた後に減少しだし，特に退耕還林政策後の2000〜01 年には激減した。2003 年からは反転しているものの，とくに北方での天然林の保護政策が奏功しているのか生産量は 2004 年を境に広葉樹と逆転している。広葉樹については退耕還林政策にも関わらず，2005 年以降生産量は 1996 年を上回って生産され，急増している。それと軌を一にする形で，広葉樹が中心の ASEAN 諸国からの原木輸入にかわってロシアからの原木・木材輸入が増加しだした。

　図 3-3 に示しているように自国での木材の生産量が増加しているにも関わらず，中国の木材の輸入も増加しているわけで，それだけ中国の内需が増加していることがわかる。

　森林の被覆率は回復する一方で，水害とともに中国の森林や草原に大きな問題をもたらしているものに荒漠化と砂漠化がある。2004 年の荒漠化，砂漠化の第 3 回の調査によると，全国の荒漠化土地の面積は 2 億 6,361.7ha であり，砂漠化土地の面積は 1 億 7,396.6 万 ha であった。うち新疆は全国の荒漠化面積の40.7％，砂漠化面積の 42.9％を，内蒙古が同 23.6％，23.9％，チベットが同 16.4％，12.5％を占めていた [12]。2009 年に行われた調査も荒漠化と砂漠化の調査をしたとされているが，『中国環境統計年鑑 2011』には砂漠化の数字しか公表されていない。砂漠化土地面積は 1 億 7,310.8 万 ha であり，2003 年の調査時点より0.5％の微減であった。全国の砂漠化に占める面積は新疆 43.1％，内蒙古 24.0％，チベット 12.5％であり，砂漠化の面積の絶対値をみるとチベット（2,168.4 万 haから 2,161.9 万 ha），新疆（7,462.8 万 ha から 7,467.0 万 ha）内蒙古は（4,159.4 万 ha から 4,146.8 万 ha）は微減であった [13]。微減とはいえ減少した砂漠化面積のみが発表されていたのは，荒漠化土地の面積が当局の予想を超えて増加したことから，

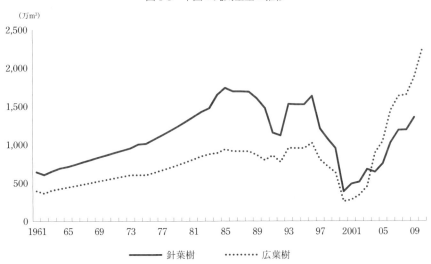

図 3-3 中国の丸太生産の推移

資料：http://wwwfaostat3.fao.org/download/F/FOE/E （2016 年 8 月 29 日検索）
原注：1961-65 年および 2002，2008-10 年は公式報道，1966-2001,2003 年は FAO の推計値，2004-07 年は非公式の数字。

発表できなかったのだろう（実際 2015 年の発表数字をみると前回調査より増加しているのがわかる）。

2013 年から 2 年間かけて行われた第 5 次調査結果は国家林業局から 2015 年 12 月 29 日に発表された。荒漠化土地面積は 2 億 6,237 万 ha から 2 億 6,116 万 ha（全国の面積の 27.2％）に減少，年平均 21.24ha 減少している。一方砂漠化土地面積は 1 億 7,212 万 ha（全国の 17.93％）に減少，年平均 19.80ha の減少である。荒漠化や砂漠化の面積は減少しているものの，砂漠化の趨勢にある土地も 3,003 万 ha（全国土の 3.12％）あり，なお楽観は許さない。砂漠化の趨勢にある土地では開墾が進み，過放牧や水資源の過度な利用という問題が突出している。2014 年の放牧地域の過放牧率は 20.6％にも達していた。また内陸湖面積の収縮や河川の断流，地下水位の低下の問題も起こっており，生態系の建設や植物の保護に対する脅威となっている[14]。

荒漠化・砂漠化が進んでいる地域は中国が建設を進めている「シルクロード

経済ベルト[15]」の主要な経路であることから，国家林業局は『シルクロード経済ベルトの防砂治砂工程建設規画 2016-2030』を編成し，砂漠の固定化と防砂林の建設などを結び付けて荒漠化と砂漠化の阻止を図ろうとしているようだが[16]，荒漠・砂漠化の猛威に耐えられるのか，あるいは経済建設そのものが，荒漠・砂漠化を促進することにもなりかねない危険性もはらんでいる。

3．中国の木材産業

　中国の木材産業は他の加工業と同様に沿海部を中心に発達してきたが，南洋材（東南アジアの木材が中心）の輸入が難しくなるとロシア材の輸入地点である内蒙古や黒龍江省の製材産業も盛んになっていった。ただし①2006 年からはロシアが原木の輸出に関税を課したことから北部地域では木材加工産業も盛んになり，②沿海部での労賃が 2000 年代に入ってから高騰しだしたこと，さらに2000 年から西部大開発が始まったことから内陸部での加工業が進展し，③内陸の道路網が整備されてきて輸送コストが下がってきたこと，④主に南部でポプラやユーカリといった成長が速い樹木の蓄積量が増えたこともあって南部の内陸地域でも木材産業が興るようになった。

　中国の木材産業の推移は図 3-4 の通りである。ただしこの図は総生産額（付加価値ではない）であり，また当年価格であるので，必ずしも産業構造を正しく反映しているわけではないが，大体の傾向はつかめる(家具・製紙業も 1990 年代にも存在したのであろうが，『中国林業年鑑』に掲載されるのは紙・パルプ産業で 2001 年から，家具産業で 2003 年からである)。当然ながら板材・合板・チップまでも含む製材が大きな金額を占めている。家具と紙・パルプ製品は 2000年代の初めにはほぼ同じような金額になっているが，2000 年代後半には家具や紙・パルプなどより付加価値を高めたものの最終製品が多くなっているし，紙・パルプ産業の生産額が多くなっている。2007〜08 年頃から家具の，2010 年頃から紙・パルプの輸出が増加していることと軌を一にしている（図3-5）。

　なお生産量については表 3-1 の通りである。全体として生産量は順調に増加しているが，なかでもベニヤは 71 倍に，設備産業であり，技術力も擁する繊維板も 4.1 倍に増加している。

図 3-4　中国の木材総生産額（億元）

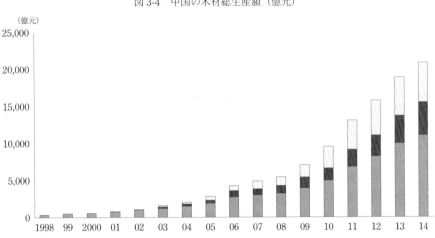

資料：『中国林業年鑑』1998 年 pp.112-113, 99 年 p.157, 2000 年 p.137, 2001 年 p.177, 2002 年 p.151, 2003 年 p.125, 2004 年 p.125, 2005 年 p.125, 2006 年 p.125, 2007 年 p.141, 2008 年 p.89, 2009 年 p.87, 2010 年 p.87, 2011 年 pp.89-90, 2012 年 pp.81-82, 2013 年 pp.81-82, 2014 年 pp.70-71

図 3-5　主要木産物の貿易額（100 万ドル）

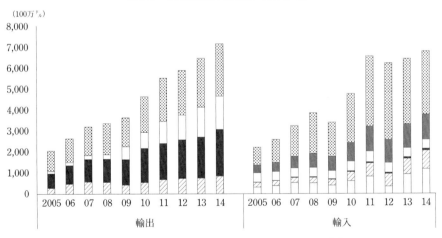

資料：『中国林業年鑑 2014』pp.466-467

表 3-1　中国の木材の生産量

製品種類	単位	2014 年	2004 年
板材	万㎥	6,837.0	1,532.5
木質ボード	万㎥	27,371.8	5,446.5
ベニヤ	万㎥	14,970.0	2,098.6
繊維板	万㎥	6,462.6	1,560.5
化粧板	万㎥	2,087.5	642.9
チップ	万㎥	4,134.1	-

資料：『中国林業年鑑』2014 年 p.99，2004 年 p.124

　また一般に中国の木材産業は小規模の企業が多いといわれるが，「規模以上」[17]の企業も木材加工業で 9,252 社，家具製造業で 5,546 社，製紙業で 5,451 社あり，それらのコストに対する利潤率は 7.1％，6.9％，5.6％と製紙業以外は工業平均の 6.5％を上回っており大型企業の業績は概して順調である。ただし中国家装家具 HP によれば，家具工場だけで広州 735 社，東莞 1,181 社，仏山 2,199 社などと記されており，実際には小企業が多数存在していることがわかる。また小企業が多いことから，同 HP のニュース欄には騒音や臭害などの環境問題が多いことも掲載されている。

　今後は①大規模企業と零細企業の二極分化が進むことが予想される，②家具や建材などは海外も含めて景気の変動の影響を受けやすいこと，③中国の原木や木材の輸入が増加していることから，原木輸出国での規制，あるいは輸入国同士の競争が激化することも予想され，相手国での計画的な植林が求められることも予想され，さらに④中国が 2017 年 7 月から古紙の輸入を全面的に禁止したことが製紙業に影響を及ぼすことなどが懸念される。

　改革開放政策直後に植林をした樹木が木材として利用可能な時期をまもなく迎えることになる。中国の経済成長が若干鈍化しているものの建設需要はなお旺盛であり，木材需要は今後も大きく成長しよう。国内の木材資源のみならず，いまや木材の輸入大国になっている中国は，世界の木材生産にも目配りをしつつ，効率の良い木材生産を行うことが求められている。

参考文献

黄勝澤（2002）「最近の中国森林・林業の事情―森林資源と林業政策―」『熱帯林業』No. 55, pp.2-10

平野悠一郎・山根正伸・張坤（2010）『『天然林資源保護工程』の実施と影響」，森林総合研究所編『中国の森林・林業・木材産業』日本林業調査会，pp.203-220

平野悠一郎・堀靖人（2010）「大規模森林造成の実施とその影響」，森林総合研究所編『中国の森林・林業・木材産業』日本林業調査会，pp.229-252

林野庁（2015）『森林・林業白書』2015，2014

劉春發・山本裕美（2008）「森林環境政策の到達点と課題」森晶寿・植田和弘・山本裕美編著『中国の環境政策』京都大学学術出版会，pp.93-119

中国語

国家林業局，《中国林业统计年鉴》各年，中国林业出版社（国家林業局『中国林業統計年鑑』各年，中国林業出版社）

王殿华（2011）《互利互贏的中俄经贸合作关系》科学出版社（王殿華(2011)『ウインウインの中ロ経済貿易協力関係』科学出版社

注

1)「土法」とは在来技術，民間技術のことをいう。土法高炉は最盛期には全国で300万基を数えたという。

2) 以下のように森林の保護規定も一応存在した。1950年「土地改革法」では森林が国有に属することが規定された。1958年には中共中央および国務院が「全国の大規模造林に関する指示」を出し，1961年には「林権を確定し，山林の保護と林業の発展に関する若干の政策規定（試行草案）」が，1963年には国務院が「森林保護条例」を1967年には「山林の保護管理の強化と山林樹木の破壊を制止することに関する通知」を，1979年には「中華人民共和国森林法（試行）」が全人代常務委を通過し，3月12日が植樹節となった。1980年には「植樹造林を強力に展開する指示」が，1981年には「全人民の義務植樹運動を展開する決議」が出されている。

3) 世界，中国とも世界銀行の数字（http://data worldbank org/indicator/AG. LDN. FRT, ZS? Locations）（2016年9月9日検索）。なお世界の森林の被覆率は90年の31.8%からわずかではあるが，減少している。

4)「中国21世紀議程管理中心」2015年1月7日
（http://www.acca.org.cn/DRpublish/sy/0000000000000424.html）（2016年8月21日検索）。

5) いずれも『中国林業年鑑2014』p.2の数字をもとに計算。

6) 注5に同じ。

7)「中国 21 世紀議程管理中心」2015 年 1 月 13 日

(http://www.acca.org.cn//DRpublish/sy/0000000000000424.html)（2016 年 8 月 21 日検索）。

8) http://china.huanqiu.com/article/2016-05-8966200.html（2016 年 5 月 25 日検索）。

9) 職場との契約関係はあるが，職場における地位を失った者で，一時帰休者と訳されることが多いが，実際には「一時」ではなく，もとの仕事に戻れることは少ない。失業率が高くならないように「下崗」という段階を設けたのであるが，2000 年代の初めから順次，「下崗」ではなく，失業に組み込まれている。

10) 王殿華『互利共贏的中俄経貿合作関系』(2011) 科学出版社 pp.89-92　契約時期は明示されていないが 2007 年以前のことと思われることから，原文通りチタ州とした。現在はザバイカリエ地方。

11) 2015 年林業発展報告（http://www/forestry.gov.cn/main/62/content-825636.html）および 2016 年林業発展報告（http://www/forestry.gov.cn/main/62/content-957369.html）。上述の天然林の保護の徹底を図ったものと思われる（2017 年 8 月 9 日検索）。

12)『中国環境統計年鑑 2009』p.96

13)『中国環境統計年鑑 2005』p.86,『中国環境統計年鑑 2011』p.98。2012〜2014 年の『中国環境統計年鑑』でも砂漠化の数字しか掲載されていない。

14) 国家林業局局長張建龍の発表（http://www.forestru.gov.cn/main/135/content-831938html）（2016 年 9 月 24 日検索）。

15) 2013 年習近平・国家主席が 9 月に提案したもので，古代のシルクロードを模して「シルクロード経済ベルト」（中国から中央アジア，ロシアを経由して欧州に至るルート，中央アジアからペルシア湾，地中海に至るルート）からなる。「海のシルクロード」（中国沿海の港湾から南シナ海（南海）・インド洋を通り，欧州に至るルートとあわせて「一帯一路」と呼ばれている。

16) この段落のここまでの部分は中華人民共和区中央人民政府発表

(http:www.gov.cn/xinwen/2016-06/16/content_5082718.html)（2016 年 9 月 24 日検索）。

17) 2011 年からは営業収入が 2,000 万元以上の企業を指す（『中国統計年鑑 2016 年』p.419）。
なお文中の企業数は同 p.420, 利潤率は同 2015 年 p.429）。

第4章　中国の木材流通：歴史，役割，そして示唆

柯　水発，喬　丹，孔　祥智

1．はじめに

　合理的な木材流通が森林の持続可能性にとって必須である。年間の木材消費と季節性を有する木材生産とのギャップ，そして木材の生産地と消費地との違いは，木材流通によってのみ解決することになる（郭・聶，2010）。木材流通は伐採，輸送，貯蔵および生産を通して，消費に至るまでのすべてのプロセスを指しており，生産と消費の架け橋でもある。合理的な木材流通は木材の利用価値と経済的な価値を向上させ，森林資源を効率的に分配し，利用するものである（張・汪・金，2008）。中国の木材産業は，過去の計画体制による分配配置の仕組みから，現在，すでに市場を通しての生産と消費との直接的な取引関係を持つ仕組みとなっているため，生産者と消費者にとって，選択肢の範囲が広がり，コストが下がり，木材は市場を通して流通することとなった。木材流通によって，林業生産が発展し，森林資源がより合理的に利用され，国と国民の日常生活での木材需要を満たすことができるようになった（陳，2016）。

　他方，姚(1988)は，木材流通体制の改革の目標は木材の基本的特性に適合する必要があり，短期および長期にわたって木材の市場をマクロ・コントロールし，管理するのに有利になると主張している。そして，劉（1993)は社会主義市場経済の体制下での木材の流通において遵守すべき法律と環境面から，木材流通の体制，メカニズム，主体等の問題を指摘した。また李・劉（1993）は所有権の観点から木材流通を分析した。木材流通を活性化させ，森林資源を保護す

るために，木材は特別な商品であるという意味では，木材生産は市場に完全に
従わせることはできず，国家のマクロ・コントロールによって伐採割当が規制
されるべきだという主張もある（王，1994）。さらに劉（2014）は木材の供給の
安定性と国内の流通の合理的な分布という面から，生産分野から消費分野への
過程でどのようにすればコストを引き下げることができるかについて論じたう
え，木材の供給安定性と木材の分配の構図を確実にするための政策提言を行っ
た。以上の研究では木材流通について主に輸送方法やシステムに焦点が当てら
れていたが，本章では伐採割当の重要性なども視野に入れて，多角的に木材流
通の監督を強化する重要性を分析することにしたい。

２．中国の木材流通に関する先行研究

木材流通に関する管理システムは中国国民経済全体の管理体制に適応して
おり，建国以来の中国のマクロ経済管理体制の絶えざる変化によって，木材の
流通機関や管理方式も絶えず変化してきた（陳・劉・許，1993）。これまでの研
究を踏まえ，本章では，まず中国の木材流通の発展はおおむね次の５段階に分
けることができ，特に 1980 年代の改革開放政策以降，木材の供給と消費は急速
に増加する局面にあったと強調しておきたい（表 4-1）。

現在，中国では，木材資源の希少性から，森林資源の保護システムを確立す
るために，木材生産が厳格にコントロールされている。伐採の上限と木材製品
の生産計画は，消費が生産を超えないという原則に基づいて規制されている。
木材の伐採管理に関する関連規則には主に木材の伐採の数量規制と伐採木材の
ライセンス，および生産管理システムといった内容が含まれている。例えば森
林法によって木材輸送と木材加工ビジネスは厳しく規定されている（車，2011）。

改革開放政策後の請負制の実施以降，農民たちは土地を大事にし，最大限に
利用しようとし，生産性と土地の貢献度が著しく上昇した。しかし山林に対す
る管理と保護は弱体化し，山林の管理保護機構・組織や施策も形骸化し，管理
責任が実質的に非常に不明確となった。1980 年に農村地域に関連する政策を緩
和するために，中国は「一号文件」を発表した。文件の方針に則って，「山中で
は管理を厳格にし，山麓では活発化させる」という考えのもとで林業が管理さ

表4-1　中国における材木流通の段階時期

	段　階	流通システムの特徴	影　響
1949〜1952	自由な購入とマーケティング	木材の流通への主たるアプローチは市場による取り扱い。国有企業，貿易部，材木を必要としている部門や機関，個人を含む。	木材は多くの取り扱い業者によって経営され，管理は混乱し，行政は混乱しており，国家は森林資源の消滅を抑制できなかった。
1953〜1980	統一購入・統一販売	国家の木材取り扱い組織が購入と分配，受注と配送を一元的に行う。木材の価格も統一的に決定し，当初は木材部門が統一管理していた。	計画的に生産と流通，消費が行われた。国家の森林資源の管理とコントロールが強化された。
1980〜1984	徐々に開放	国家は南方集団林の統一買付を徐々に取り消した。国家による計画的な生産が達成された後に木材を生産している県は，県自身で木材を留保・使用することができるようになった。	林業企業による販売を通じて，木材を必要とする企業の横のつながりが改善され，木材の流通が促進された。
1985〜1992	双軌制	農民は自分で木材を販売することができるようになり，国有林の施業者は種苗しながら伐採を行うという包括的な施業ができるようになり，市場調節と国家計画による分配が併存した。単一的な計画による流通から，多角的な流通に変化した。流通輸送政策が発布され，全国統一の輸送証明書が発行された。	木材の属性が重視されなかったことから，生産や資源の保護に対する誘引がないばかりでなく，乱伐もひどくなり，地域の生態系が破壊された。
1992〜現在	市場による流通	国内の木材市場のパターンは急速に変化し，市場の開放の範囲が拡大した。市場が多様化し，基層市場，地域市場，全国市場が形成され，競争局面が出現した。	伝統的な材木流通の限界を突破し「源をつかみ，一級市場をうまく管理し，ビジネスを活性化し，二級市場を開放する」という体制を形成した。

資料：筆者作成。

れることになったが，実際のところ，山中での厳格な管理に新しい方法はなく，山麓の活発化だけが行われ，多くの措置がとられた。木材市場が発展し，流通も活性化し，木材加工や付加価値がつけられるようになった。

　2006年に，木材市場の混乱，加工工場の増大，木材資源の危機に対し，国家林業局は「木材経営加工単位の監督と管理を強化する通知」を発布し，木材市場の経営加工単位の監督管理を強化し，非合法な加工工場を取り締まることになった。

21世紀に入ってから，中国政府は森林資源の保護，林業体系の完備および林業産業体系の発展を図るために，巨額の資金を投入した。厳格な管理保護体制を確立することを前提に，森林資源の保護と厳格な木材経営加工管理，流通の規範化を同時並行的に行った（劉，2003）。

いまや国内の材木市場の流通パターンは劇的に変化した。市場の開放度が拡大し，市場は多様化し，基層市場，地域市場，全国市場ができ，競争的市場を形成している。改革開放政策以降，体制メカニズムおよび政策が大きく変化し，伝統的計画経済下の流通は社会主義市場経済に変化していった。1999年に対外経済貿易部(当時)は経営審査を取り消し，対外貿易権を有する企業は総て木材を扱えるようにした。現在中国では「源をつかみ，一級市場をうまく管理し，ビジネスを活性化し，二級市場を開放する」というやり方を確立している（張・汪・金，2008）。

図4-1 中国の木材の供給量と消費量

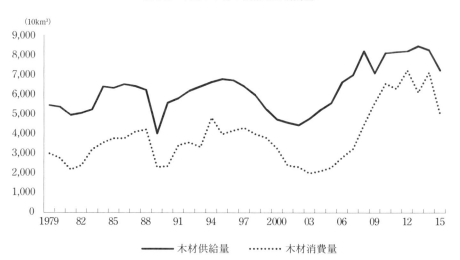

資料："Forestry development report of China（1979-2015）"に基づき，著者が作成。

3．木材流通をめぐる環境の現状
（1）木材流通市場の状況

　国産材と輸入材については，中国では異なる輸送規定と方法を採っている。国産材については主に鉄道と道路を使用していて，なかでも鉄道が主であるが，これは，森林が東北地方や内蒙古に集中しているため，輸送コストが低いからである。一方，道路輸送は主に南方材の輸送に用いられている。また水運は少なく，主に内陸河川を使っている。輸入木材についても二種類あり，鉄道で輸送されるのは主にロシアからの輸入材である。もう一種は熱帯林と米材で，輸入は主に海運による。中国の木材の流通市場は森林資源の分布および木材の輸入地や消費地の輸送の条件の影響を大いに受けている（胡・施・唐，2008）。現在の木材の流通には大規模な木材の集散センター，港湾，ステーション，専業店，小売店，材木の大規模店，ｅコマースの拠点，林産品の交易センター，展示場や，フェアなどがある。木材の流通には中間段階が必須であり，木材の流通市場の標準化は，段階ごとに木材の流通ルートの影響を受けており，関連する政策と法規が必要である。

　中国の現在の木材市場は三級に分かれており，一級市場と二級市場は主に卸売であり，三級市場が主に小売である。一級市場は木材の生産市場であり，主な役割は，分散的に生産され，あるいは輸送された木材を集荷し，より大きな取引地域に中継することである。輸入木材については輸入地点に一級市場がある。二級市場は木材の集散地にある市場で，生産市場と販売市場をつなぐ役割を担っている。一般に省都（会）や交通の要衝地にあり，木材の総合的な利用のための重要基地である。三級市場は木材の小売市場であり，一般に木材の大型の集散センターの近く，あるいは木材の消費地の小売市場の近くに位置する。三級市場にはブース，専業店，スーパーマーケットといった３つの形態がある。

（2）木材の流通状況

　図4-2に示されているように，2000年から2015年までに国内の材木の生産と消費は減少傾向にあるが，木材の輸入量や輸出量は増加してきた（図4-3）。具体的にいうと，2006，2009，2011年には若干減少したものの，中国の木材貿

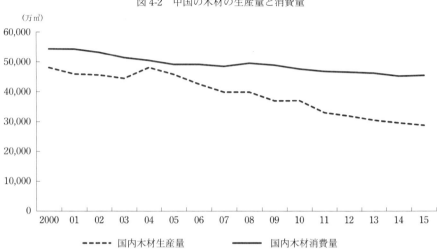

図4-2 中国の木材の生産量と消費量

資料：図4-1に同じ。

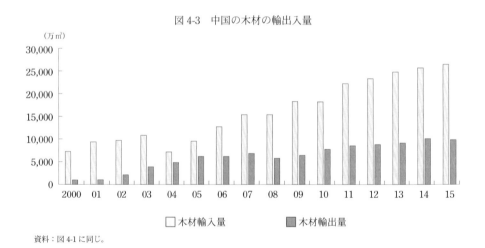

図4-3 中国の木材の輸出入量

資料：図4-1に同じ。

易は2000年の142.6億ドルから2015年の1378.7億ドルへと大きく増加した（図4-4）。

中国の木材は，丸太，製材品，単板（ベニア，繊維板，化粧板），パルプなどがある。まず，この15年間，とくに2008年以降，中国の製材品の輸入量は絶えず増加している一方，輸出量は少なかった（図4-5）。中国の丸太の輸出入量は

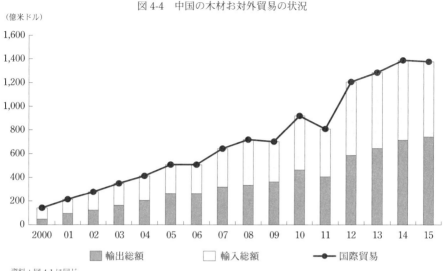

図 4-4　中国の木材お対外貿易の状況

資料：図 4-1 に同じ。

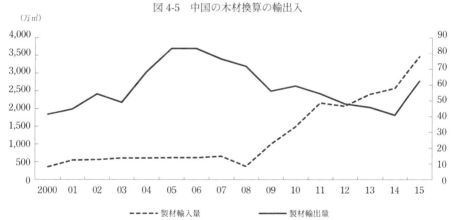

図 4-5　中国の木材換算の輸出入

資料：図 4-1 に同じ。
注：左の軸には製材輸入量が示されている。右の軸には製材輸出量が示されている。

乱高下しているが，2003 年から 2009 年までは量としては出超であったが，2009 年以降，入超になった（図 4-6）。また単板の輸出量は安定的に増加し，輸入量は減少し続けていた。輸出量が輸入量よりも多いということは，単板の供給が十分であることを示している（図 4-7）。さらに，パルプの輸入量は変動しなが

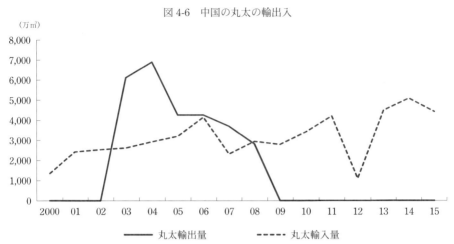

図 4-6　中国の丸太の輸出入

資料：図 4-1 に同じ。

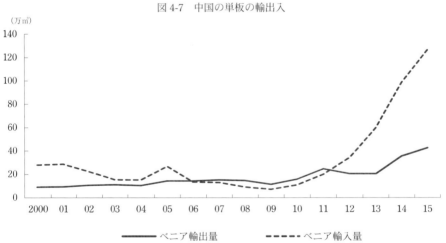

図 4-7　中国の単板の輸出入

資料：図 4-1 に同じ。

らも上昇しているのに対し，輸出量は一定であり，輸入量が輸出量より多いということはパルプが不足していることを意味している。この現象の主な理由は国内に古紙がないことにより，そのほとんどを輸入しているからである（図 4-8）。

中国の製材品の主な輸出先は米国，日本，香港，韓国，英国である。この 15

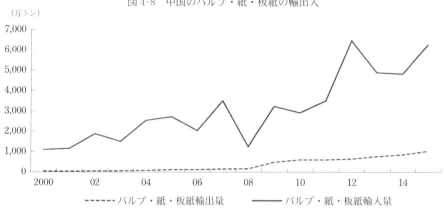

図 4-8　中国のパルプ・紙・板紙の輸出入

資料：図 4-1 に同じ。

年間米国と日本が 1, 2 位の輸出相手国であり，インドネシア，ロシア，米国が主な輸入相手国であった（表 4-2）。2004 年以降日本は中国の主な輸出相手国の一つであり，主な輸出製品としては，製材，板材，合板，家具，パルプである（図 4-9）。

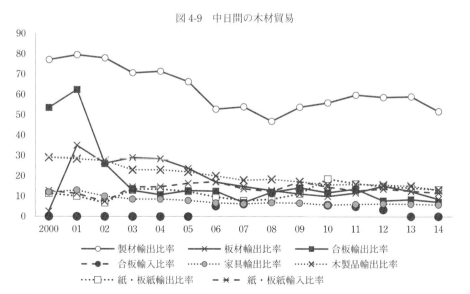

図 4-9　中日間の木材貿易

資料：Forestry development report of China，（2000-2014）

62 第Ⅱ部 東アジアにおける森林政策

表 4-2 中国の木材製品の貿易

年	輸出相手国	シェア(%)	輸入相手国	シェア(%)	年	輸出相手国	シェア(%)	輸入相手国	シェア(%)
2001	米国	67.0	インドネシア	12.9	2008	米国	31.6	米国	18.3
	日本	23.2	ロシア	12.7		日本	9.5	ロシア	15.4
	香港	12.7	米国	11.5		英国	6.2	カナダ	7.8
	韓国	4.4	マレーシア	10.0		香港	4.0	日本	6.3
	英国	3.4	カナダ	5.3		カナダ	3.8	インドネシア	5.1
2002	米国	37.4	米国	13.5	2009	米国	28.1	米国	16.4
	日本	18.8	ロシア	12.7		日本	9.7	ロシア	13.3
	香港	13.7	インドネシア	10.6		英国	5.9	カナダ	9.0
	英国	4.3	カナダ	6.9		香港	5.9	ブラジル	6.3
	韓国	3.5	マレーシア	5.6		オーストラリア	3.3	日本	6.0
2003	米国	37.4	米国	13.5	2010	米国	27.7	米国	18.0
	日本	18.8	ロシア	12.7		日本	8.4	ロシア	11.5
	香港	13.7	インドネシア	10.6		英国	5.6	カナダ	11.2
	英国	4.3	カナダ	6.9		香港	5.0	日本	6.1
	韓国	3.5	マレーシア	5.6		カナダ	3.4	ブラジル	6.1
2004	米国	38.5	ロシア	14.0	2011	米国	24.9	米国	18.9
	日本	15.3	米国	13.9		日本	8.8	カナダ	13.6
	香港	11.9	インドネシア	9.7		英国	5.0	ロシア	11.2
	英国	5.0	カナダ	8.0		香港	4.9	ブラジル	4.9
	韓国	2.9	日本	6.1		オーストラリア	3.4	日本	4.8
2005	米国	37.7	ロシア	15.6	2012	米国	25.9	米国	18.6
	日本	13.1	米国	14.9		日本	8.6	カナダ	12.5
	香港	10.2	カナダ	8.5		英国	5.7	ロシア	10.0
	英国	5.2	インドネシア	7.6		香港	4.9	インドネシア	5.0
	韓国	3.2	日本	6.5		オーストラリア	3.7	ブラジル	4.7
2006	米国	37.1	ロシア	16.8	2013	米国	25.7	米国	18.5
	日本	11.0	米国	14.9		日本	8.1	カナダ	12.4
	香港	8.4	カナダ	8.3		香港	5.5	ロシア	8.6
	英国	5.9	インドネシア	7.3		英国	4.9	インドネシア	5.3
	韓国	3.6	日本	6.2		オーストラリア	3.7	ニュージーランド	5.0
2007	米国	33.6	米国	17.0	2014	米国	24.7	米国	17.2
	日本	9.4	ロシア	17.0		日本	7.2	カナダ	11.1
	香港	6.3	カナダ	7.9		香港	5.5	ロシア	8.9
	英国	6.3	日本	6.5		英国	4.9	インドネシア	5.5
	韓国	3.6	インドネシア	5.4		オーストラリア	3.7	ブラジル	5.1

資料：国家林業局編『中国林業発展報告』2000年から2005年までの各年，中国林業出版社

4．木材の国内流通管理政策の現状

（1）木材市場の管理政策

1）木材市場の構築とコントロール・システム

　市場の構築とコントロールに関して「非統一木材の管理を強化することに関する通知」が 1989 年に林業部と国家工商行政管理局から発布された。それによれば集団林がある県あるいは人民政府は，その地域の人々が実際に必要とする常設の木材市場を創設することが求められている。工商行政管理局が木材市場を監督し，林業部（当時）が協力している。工商行政管理局は地域ごとの木材市場を管理し，すべての木材商業組織を監督している。

2）木材商業組織の管理

　「非統一木材の管理を強化することに関する通知」によると，国有林，集団林，およびその他の形態の森林および私有企業で扱われる木材は，法に基づいて管理されるようになる。一方「通知」は，取り扱える取引の範囲について明確な制限を設けている。工商行政管理局は，木材ビジネスを行う私有企業者の見直しを厳格にし，強化している。許可がない組織や私有企業は木材を扱うことができない。農民が所有している小規模木材や旧材は，村民委員会による証明書と伐採許可証があれば，木材市場で販売することができる。

3）木材市場に対する管理規則

　木材市場の設立，取引許可，価格や市場管理スタッフについては規則で決められている。木材市場の設立には人民政府あるいは県以上の許可が必要であり，木材の取引は許可された市場で行われなければならない。木材を扱う企業は，法に基づいて営業許可証を得なければならない。許可証がなければ木材および木材の半製品を取り扱うことは許可されない。工商行政管理局は定期的に営業許可証を検査する。

4）木材の非統一分配管理の違反行為に対する罰則

　国家行政管理局と林業部（当時）との連名で出された 1986 年の工商管理局の181 号文件では，各階層の機関は以下の原則に従わなくてはならない，としている。市場および物価管理については，工商行政管理局と物価管理部門が，責

任を負っている。林業行政に関する処罰は森林主管部門が処理する。同時に各階層の林業部門は，工商行政管理局と物価部門と協力しながら，職責を果たす。

（2）木材の輸送管理に関する政策

「森林法」では，「木材の輸送には必ず許可証が必要」としている。林業部が木材の輸送機関を管理していて，木材の検査ステーションが木材輸送の検査に責任を負う。それとともに 1990 年の森林輸送管理の基本原則では木材輸送の目的と資格が示されている。林業部（当時）は 1990 年に３つの原則を発布している。①省外に運び出される木材の総量は管理されなければならない。②木材の輸送管理は統一的に行われなければならない。③各々の車両には一件の証明書が発行されなければならない。

さらに非合法な木材輸送行為に対する明確な規定がある（木材を輸送した人が「森林法」や「木材輸送監査条例」あるいは他の規則に抵触した場合，つまり不当な手段や認可証なしに，あるいは全部または一部が合法的な資源であることや，木材輸送や販売政策に則っていることをきちんと証明できない場合）。木材輸送行為が非合法な場合，必ず責任者が追求され，法に則ってと処理される。非合法な行為は様々あり，認可証なしで木材を輸送し，偽造，転売，改ざん，あるいは期限切れなどの輸送証明書を使って木材を輸送する場合もある。「森林法」は違反に対し処罰を明確に定めている。

5．中国の木材貿易政策

中国の森林資源総量は不足していて，低品質や不合理な森林構造などの問題もあり，短期間では根本的に解決できない。第 13 次五カ年計画の期間には木材の供給不足と経済発展による矛盾が増々大きくなり，木材の輸入を増加させることによってしかこの矛盾を解決することができなかった。木材の国際貿易は，中国の森林資源不足を緩和し，木材産業の国際競争力を向上させるのに重要である。木材産品貿易政策には関税政策と非関税的措置がある。中国の木材に対する関税は下がり続け，森林の開放性が増している（陳・陳, 2010)。木材の輸入代替の働きが強くなり，国内森林資源の保護に役立ち，これにより中国の

木材と木製品の輸出が急速に拡大している。国産材の流通量が減少し，対外貿易量が増加している(張・鄔，2012)。

　これまで中国政府が定めた主な木材製品貿易政策は以下の 4 つである。(1)輸出入許可制度である。この制度では，政府の関連部門の許可証がなければ，一律に輸出入できないと規定されている。(2)輸出入企業の管理政策である。この政策では，製材品の輸出入を行う貿易会社は中央政府が管理することが定められている。(3)関税政策である。関税政策は，国内の需給と林産品の国際貿易の状況を鑑み，国内の需給と国内の経済利益を保証することを明確にした。

　具体的には，①2006 年 4 月 1 日から中国は木材製品（床材，天井や溝材，飾り板などの装飾に使う寄木，さねぎが含まれている）に国内消費税を課すようになった。②木材および木製品の増値税の輸出に対する還付税の取消あるいは税率について，2006 年 9 月 15 日より，枕木，コルクおよびその他の木製品の増値税の輸出還付が取り消された。特に合板，床材，ラミネート加工材，窓枠，ドア材，家具の還付率は 13％から 11％に引き下げられた。③2006 年 11 月 1 日より，チップ，床材，割り箸，およびその他の木材製品は 10％の輸出関税を課せられるようになった。④木材の代替品の輸出促進についていえば，ラミネート床材，合板，ドアおよび窓枠材の還付率は 13％から 5％に引き下げられたものの，ファイバーボード，およびパーティクルボード，竹製の床材については 13％のままである。⑤木材を希少性の高い資源としてとらえ，木材の輸入関税率について優遇政策をとっており，木材の輸入関税は 0％，原木の増値税は 13％，木製品は 17％と定められている。

　(4)製品検査政策について，輸出入林産品は，品種，量，質に沿って厳しく検査され，林産品の cif 価格が適用される。具体的には①2006 年 11 月 3 日に発布された『加工貿易の禁止カタログの新版』によって，2006 年 11 月 22 日より絶滅危惧種で作られた木材製品，板材および家具など 66 種についての輸出が禁止されるようになった。②税関，検疫検査について，企業は林業部門および商務部門の許可証がなければ輸出できなくなった。③林産品の輸出入に関わる非関税障壁について，輸出入許可証，輸入割当，輸入禁止を含んだ様々な非関税障壁が設けられている。近年，関税および非関税障壁が緩和されているが，林

産品の輸出に対しては，グリーン貿易障壁が厳しくなってきた。グリーン貿易障壁と技術的な貿易障壁が相俟って重要となっている。

6．結論および提言
（1）結論

　まず，中国の木材流通市場管理について，基本的には厳格な管理から柔軟な管理へ変化してきた。中国の木材流通政策は主に中国の経済体制の変動と関係している。中国は計画経済体制から次第に社会主義市場経済体制になったが，木材流通政策も統一売買から市場経済になり，流通組織も多元化している。

　そして，中国の木材流通が多様化している。中国の木材では直接的な流通と間接的な流通が共に速やかに発展してきた。木材生産者が直接消費者に届けるという単一の方法だけでなく，展示会，eコマースなどの現代型の流通形態も木材流通システムに入ってきた。木材生産の単一性と多様な木材消費の間のギャップを解消するのに役立っている。

　また，中国の木材市場の需給間ではアンバランスの問題が突出しており，国内の木材生産は市場のニーズを満たすことができないため，海外から大量に輸入することが必要となり，輸入木材の国際価格変動は国内の木材市場に影響を与えるようになった。近年国内の消費は大いに増加し，上方硬直的な木材需要と国内生産の一連の禁止措置によって国内木材の供給不足を招き，全需給は依然として大いなるアンバランスをはらんでいる。

　さらに，中国の木材輸入のチャネルの多様化が進んでおり，中国の森林資源の不足が甚だしいことから，中国の木製品は国外の木材に対する依存度が高くなっている。原木の輸入から見ると，欧州ではロシアとウクライナから，オセアニアではニュージーランドとオーストラリアから，北米では米国とカナダから輸入している。製材の輸入は，欧州からはロシアとフィンランドが主であり，北米からは米国とカナダが，東南アジアからは，タイ，インドネシア，フィリピンが主たる相手国である。同時に 2013 年以降，日本が中国の木材の主要な輸出相手国になった。

（2）示唆

　第1に，木材の流通政策体系の改善と輸送規則の強化が必要である。木材市場の規制は健全ではなく，交易状況は標準化されておらず，木材流通網も貧弱である。木材市場には全面的なプランが欠けていて，統一的な市場の規則がなく，管理も厳格ではない（胡・林・施，2014）。木材輸送の監視と監督の法制化，鍵となるチェックポイントの管理システムの構築，木材輸送の監督と検査体制の構築，木材流通の管理メカニズムの改善，などが必要である。

　第2に，木材流通市場への規制に対する適正な緩和が必要である。現在，中国の木材市場の敷居は高く，木材流通の流量率と供給量を減少させている。輸送許可を大幅に緩和することで，木材の流通速度を速め，木材市場の供給を拡大することができる。同時に竹材についてはもっと自由化し，竹林経営に経営自主権を与え，竹および竹製品の輸送については輸送管理を暫時停止し，自由化する。木材の伐採を適正に緩和することで，人工林の伐採限度も緩和すれば，木材の供給問題を解決できるばかりでなく，農民が林業を営む積極性を高めることができるだろう。

　第3に，木材流通管理への国際協力の強化が必要である。中国は森林を生産し，貿易を行う国家であることから，認証製材品であることが国際市場への通行証となっている。森林認証が中国の家具やその他の木材製品の輸出への圧力となっている（耿，2014）。森林認証は，新しい意義ある認証であり，世界経済の発展と中国林業の持続的発展の要求に合致している。現在の発展趨勢に基づいて，森林認証は，世界の森林経営モデルを変え，世界の林産品貿易に多大な影響を与えるだろう。森林認証は貿易における森林管理に影響を与えている。環境保護および森林の持続的発展の推進，森林製品市場への規制という形で，森林製品の市場規制は実行可能である（白，2014）。森林認証制度の確立と改善は木材流通の進歩と改善を推進させる。

　第4に，木材流通チャネルのイノベーションの促進が必要である。主に以下の2点について考えられる。まず，eコマースの利用による流通チャネルの最適化である。「インターネット＋」は工業と情報技術を統合し，情報による消費をさらに進める（張，2013）。インターネットの利用の拡大は林業の伝統的な管

理方法や生産方法に変革をもたらし，森林ビジネスと情報技術を相互に促進させ協調して発展させている。木材の流通において，eコマースの急速な拡大と情報技術の高度化によって，輸送コストが下がっただけでなく，市場も拡大し続けた。大型製造企業とブランドが市場シェアを拡大することから，供給チームはプロの熟練した技術を必要とすることになるだろう（李，2011）。eコマースを利用した交易は木材産業，とりわけ伝統的な交易パターンの取引を変化させるだろう。eコマースの発展によって人々はインターネットを通じて容易に木材を購入できるようになる。ただし木材の販売はネットワークを通じては送り届けられないことから，eコマースによる実際のロジスティックスと緊密に結合してこそこの問題を解決することになる（劉・林・邱，2006）。

　そして，商業林の流通制度の構築と改善である。森林の機能的利用と商業的利用の違いによって，公益林と商業林といった2つに分けられる。それに合わせて，異なる管理制度を定める必要がある。公益林の経営は環境保護と改善を目的にし，森林の生態的・社会的な役割を最大化する。一方商業林の経営は市場メカニズムに基づき，森林の経済的利益を最大化する。中国政府が「森林の類別経営」を初めて「森林法」に記載したことは，林業の実態を的確に反映しているが，さらに単純に商業林に対して公益林の管理方法をあてはめるのではなく，特定の管理方法を打ち出すべきであろう。

参考文献

白会学，森林認証，譲「菜籃子」更放心，中国緑色時報，2014年9月18日．（白会学，「森林認証は『野菜籠』を安定させる」『中国緑色時報』2014年9月18日）

車承運，論木材運輸管理中的問題与対策，経営管理者，2011 (12), p.209.（車承運，「木材運輸管理における問題と対策」『経営管理者』2011 (12), p.209）

陳国梁，劉世勤，許向陽他，我国木材流通宏観調控的研究．林業経済，1993 (05), pp.1-8.（陳国梁，劉世勤，許向陽他「我が国の木材流通をマクロ調整からみた研究」『林業経済』1993 (05), pp.1-8）

陳俊峰　木材流通与木材価格．民営科技，2016 (09), p.187.（陳俊峰「木材流通と木材価格」．『民営科技』，2016 (09), p.187）

陳立橋，陳立俊．林産品貿易政策対林業的影響及対策研究．国家林業局管理幹部学院学報 2010 (01), pp.41-46.（陳立橋，陳立俊「林産品貿易政策の林業に対する影響および対策研究」『国家林業局管

理幹部学院学報』2010 (01), pp.41-46)

耿丹丹, 森林認証促進森林可持続経営. 中国政府取材報, 2014.9.19. (耿丹丹「森林認証が森林の持続可能な経営を促進」中国政府取材報,2014.9.19)

郭淑芬, 聶影. 我国木材流通効率的制約因素及其消減——基於供応链理論的分析 . 江蘇商論, 2010 (10), pp.15-17.(郭淑芬, 聶影.「我が国木材流通の効率面の制約要素およびその削減——供給チェーンに基づく分析」『江蘇商論』, 2010 (10), pp.15-17)

賀登才, 進一歩改革木材流通体制的問題与思路. 中国物資, 1987 (04), pp.13-14. (賀登才「木材流通体制を前進させる改革の問題と思考」『中国物資』1987 (04), pp.13-14)

胡延傑, 施昆山, 唐紅英. 我国木材流通現状分析. 林業経済, 2008 (10), pp.69-71. (胡延傑, 施昆山, 唐紅英「我が国の木材流通の現状分析」『林業経済』2008 (10), pp.69-71)

李茂, 劉世勤 談木材流通改革問題. 林業経済, 1993 (03), pp.1-3. (李茂, 劉世勤「木材流通改革問題」『林業経済』1993 (03), pp.1-3)

李淇帆 中国木材流通的革新与機会. 国際木業, 2011 (06), p.1. (李淇帆「中国の木材流通の革新と機会」『国際木業』2011 (06), p.1)

劉暢, 基於供給穏定性及布局的木材流通研究. 北京林業大学 2014 (劉暢「供給の安定化と分布に基づく木材流通研究」『北京林業大学』2014

劉剛, 対加強木材流通管理的思考. 吉林林業科技 2003 (02), pp.31-32. (劉剛「木材流通管理を強化する管理思考」『吉林林業科技』2003 (02), pp.31-32)

劉娜翠, 林雅恵, 邱栄祖. 我国木材物流的現状与発展趨勢. 物流技術 2006 (08), pp.19-22. (劉娜翠, 林雅恵, 邱栄祖「我が国の木材物流の現状と発展趨勢」『 物流技術』2006 (08), pp.19-22)

王志宝. 我国木材流通体制発生深刻変化. 北京木材工業, 1994 (03), p.44. (王志宝「我が国木材流通体制に発生した深刻な変化」『北京木材工業』1994 (03), p.44)

姚清譚, 以木材特性為思維起点建造南方集体林区木藍流通新体制.林業経済問題 1988 (02), pp.12-16 (姚清譚「木材の特性を出発点とする南方集団林区の白蓮の流通新体制」『林業経済問題』1988 (02), pp.12-16)

張満林, 汪国連, 金彦平.我国木材流通模式的変遷与創新. 農業経済問題, 2008 (01), pp.94-98. (張満林, 汪国連, 金彦平「我が国木材流通モデルの変遷と創造」『農業経済問題』, 2008 (01), pp.94-98)

張艶紅, 鄔鳳義, 林産品出口退税政策全景透視. Chinese Forestry Industry, 2012 (Z2), p.99. (張艶紅, 鄔鳳義「林産品の輸出還付税の政策全般展望」『Chinese Forestry Industry』2012 (Z2), p.99)

張揚南, 智慧林業:現代林業発展新方向. 南京林業大学学報 (人文社会科学版), 2013 (04), pp.77-81. (張揚南「スマート林業:現代林業の発展の新方向」『南京林業大学学報』(人文社会科学版), 2013 (04), pp.77-81)

(今村弘子 訳)

第5章　韓国森林と林業の現状と推移

金　世彬, 李　昌澔, 李　普輝

1．はじめに

　韓国は，森林資源と木材産業部門で，過去 70 年間にダイナミックな変化を遂げた国である。狭い国土に多くの国民を擁しているにも関わらず，森林が国土全体の 64％に達している。森林の被覆率だけ見れば林業国ともいえるが，林業は他の産業に比べて大きな発展は遂げなかった。森林資源は貧弱だったが，優秀な労働力を利用した木材産業は，第二次世界大戦後に急速に発展し，韓国の経済発展の初期に大きな役割を果たしたと評価されている。

　本章では，韓国の森林資源の推移と木材産業の発展を概観する。特に，木材産業は木材の加工と貿易を通して森林資源の付加価値を向上させ，それを林業に再投資することにより，林業と木材産業の好循環的な発展過程を形成することになる。韓国の林業と木材産業はこれまで互いに独立した形で発展してきたため，近年木材産業は対外競争力をなくし，過去の輸出産業としての地位を失い，第一次産業の役割よりも第三次産業としてのサービス産業の比重が高まっている。これらの産業の変化は，森林政策の最上位計画である山林基本計画を通じて，今後の政策の方向を見ることができることから，2018 年から始まる第6次山林基本計画の主な内容を紹介する中で今後の政策の方向を考えてみる。

2．韓国森林資源の構造

　韓国は第二次世界大戦後，治山緑化に成功した国として挙げられる。日本統

治時代だけでなく，第二次世界大戦後の社会的混乱や朝鮮戦争などで多くの森林が荒廃し，朝鮮戦争直後の1953年の森林蓄積はヘクタール当たり5.7 m^3だったものが，2015年には146 m^3にまで増加した。韓国の全国土1,000万haのうち森林（林野面積）は640万haで森林の被覆率は64％である。他の工業化が進んだ国と同様に，森林の被覆率は継続的に減少している。所有構造は国有林，公有林，私有林に区分されており，国有林は26％，公有林は7％，私有林は67％で，私有林が圧倒的に多いが，森林管理をしていない私有林を近年国が買い取っていることから，国有林の割合が徐々に上昇し，過去10年間で約3％ポイント増加している（表5-1）。

過去70年余で総森林蓄積量は9億m^3に達し，森林面積当たりの蓄積量は146 m^3/ha である（表5-2）。しかし，本格的な人工造林を実施してから50年余に過ぎず，森林面積や蓄積量において31年生から40年生が最も多い。現在のような状況が続く場合，森林資源の健全な管理のために国産材を伐採して利用する必要があるが，それには輸入材中心の国内市場に大きな変化をもたらすことが必要になる。国産材の生産と利用拡大のための政策が優先されない場合，国内森林の健全性の悪化が予想される。所有形態別には，面積が最も広い私有林の蓄積量が一番多いが，単位面積当たりの蓄積量は国有林が163 m^3/ha で最も高く，公有林が156 m^3/ha，私有林が138 m^3/ha となっている。これは，国有林が

表5-1　韓国の森林面積の現況と変化

区分	国土面積 (千 ha)	森林面積 (%)	所有別森林面積(%)		
			国有林	公有林	私有林
2006 年	9,968	6,389(64.1)	1,497(23)	489(8)	4,403(69)
2015 年	10,030	6,335(63.8)	1,618(26)	467(7)	4,250(67)
年平均増加率 (%)	0.06	-0.08	0.78	-0.46	-0.35

区分	齢級別　森林面積(千 ha)						
	I	II	III	IV	V	VI	竹林
1967 年	3,723.9	1,106.2	605.3	185.8	54.0	12.9	4.4
2015 年	202.7	160.1	1,334.0	2,830.0	1,137.2	409.0	22.1

資料: 韓国国土交通省『地籍統計年報』(2007 年)，山林庁『林業統計年報』(2016 年)
　注：I：10 年以下，II：11 年〜20 年，III：21 年〜30 年，IV：31 年〜40 年，V：41 年〜50 年，VI：51 年〜60 年

表5-2　韓国の林木蓄積現況と変化

区分	林木蓄積 (千㎥)	平均蓄積 (㎥/ha)	所有別林木蓄積(㎥)		
			国有林	公有林	私有林
1935 年	224,470	13.85	—	—	—
2015 年	924,819	145.99	264,191	72,831	587,797

区分	齢級別林木蓄積(千㎥)					
	I	II	III	IV	V	VI
1967 年	2,733	17,642	26,786	11,269	3,424	1,009
2015 年	—	7,481	158,980	454,191	217,563	86,595

資料：山林庁『林業統計年報』(2016)

表5-3　1967年と2015年における林相別現況

(単位：千 ha，%)

区分	計	針葉樹林	広葉樹林	混交林	竹林	無立木地
1967 年	5,655	3,187	1,238	1,225	4	943
％	100	56.4	21.9	21.7	0.1	16.7
2015 年	6,334	2,339	2,028	1,705	22	239
％	100	36.9	32.0	26.9	0.3	3.8

資料：山林庁『林業統計年報』(2016)
　注：無立木地：岩石地，湖など地目は森林になっているが実際には林木がないところ。

奥地にあり，私有林は里山を中心に散在して伐採の機会が多く，また国有林は国家による森林管理と森林利用の規制が続いてきた結果と思われる。

　林相別には 2015 年には針葉樹林が 37％，広葉樹林が 32％，混交林が 27％の構成である（表 5-3）。これは治山緑化期に用材用の針葉樹大面積造林（拡大造林）が主要な造林政策として位置づけられてきたからである。現在，成長が最も良い人工造林地はカラマツ造林地であり，いま市場においてもカラマツが他の木材に比べて高価で取引されている。

3．韓国経済と林業発展

　韓国経済は 1962 年第一次経済開発 5 ヵ年計画以降，今まで堅調な成長を続けてきた。この期間を通じて GDP は 56 倍の成長を見せ，貿易も大きな成長を見せた。全産業の輸出総額は 1960 年の 3,200 万ドルから 2015 年には 527 億ドルと 16 万 4,000 倍の伸び率を示し，輸入総額は 343 万ドルから 1,300 倍の伸びを示している。

森林資源が豊富になったものの，まだ成長段階にあり，実際には国内資源が十分には利用されていない。経済発展に伴い，紙の消費量が増加して，紙・パルプ産業が急成長し，紙・パルプ産業を含む木材産業は，1970 年に比べ 2015年には 15 倍になった。

韓国は天然資源が不足していたため，第二次世界大戦後の貿易は，優れた労働力を活用した軽工業品の輸出と，輸入した原材料を加工して輸出する加工貿易の形で発達した。その代表的な品目が合板と製材で，特に第 1 次経済開発 5カ年計画を推進しながら，必要な外貨を獲得するためにこれらの品目が大きな役割を果たした。林産物の輸出は 1962 年に 3,200 万ドルであったが，1990 年に 80.8 億ドルと最高額に達した後に減少し，最近では 3 億ドル付近にまで縮小した。全体の輸出額のうち林産物(木材類と非木材類の合計)の割合は 1968 年に15％とピークになった後，急減し，現在は 0.05％前後となっている。韓国の代表的な木材類輸出品である合板は 1968 年に熱帯材合板生産は世界第 2 位，輸出は世界第 1 位の座を占めていた。非木材林産物の輸出に関しても，1960 年代には様々な林産物が採取されて輸出され，初期にはその額が少なかったが，1970 年代から 1980 年代に急増した。2010 年代になってキノコ類と果実，石材などを中心に新たな商品開発もあり，非木材の輸出額が増加した（図 5-1）。

しかし，林産物輸入に関しては，全体的には 1960 年代以降に増減を繰り返しながらも，傾向的には増加が続いてきた。前述のように，当初は加工貿易型の発展であったため，熱帯材原木を中心とした原材料の供給が輸入額の主要な部分を占めた（図 5-2）。

1970 年代には，全産業輸入総額の 7％を占めるほど総林産物の輸入額は多かったが，インドネシアやマレーシアの丸太輸出禁止や合板工業の振興策を背景に 1980 年代以降に減少し，最近は 1％台にとどまっている。内訳のほとんどは木材類 (HS44 類) で 1960 年代には総林産物輸入の 90％を占めていたが，1990年代以降に特に減少し，最近では 80％以下となっている。一方最近はクルミ，アーモンドなどの健康食材の需要が急増したことから，非木材林産物の輸入が増加している。

図 5-1 林産物の輸出推移

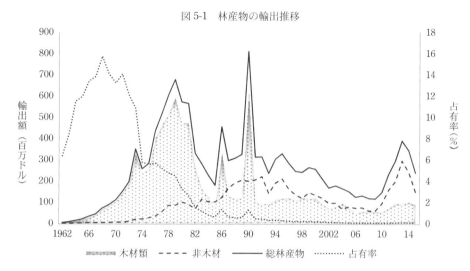

資料：韓国貿易協会『輸出入統計年報』(2014, 2015)，山林庁『林産物輸出統計』
注：占有率：林産物輸出が国の総輸出に占める割合。

図 5-2 林産物の輸入推移

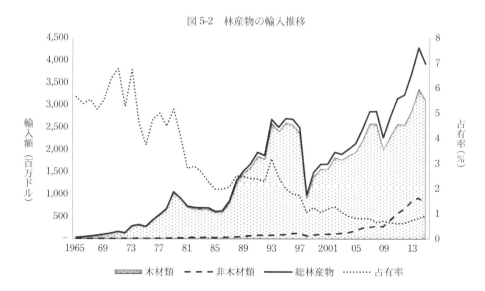

資料：韓国貿易協会『輸出入統計年報』(2014, 2015)，山林庁『林産物輸出統計』
注：占有率：林産物輸入が国の総輸入に占める割合。

4．木材産業の構造変化
（1）製材産業

製材業は木材産業の根幹であり，林業の付加価値を高めるバロメーターである。したがって，製材業が活性化しないと国内林業の活性化は難しい。しかし，韓国の木材産業は，南洋材など外材輸入をもとに加工貿易型産業として発展してきたため，国内林業とは乖離していった。いまだに国内林業との関連は非常に薄く，国産材利用率はパルプやボード用チップなど15％にとどまっている（図5-3）。

製材産業は，1960年代から成長一辺倒であったが，1980年代末にピークに達し，その後は縮小した。事業体数（製材工場数）は，1969年に800，1989年に1,300まで増加した後に，減少に転じ，現在は140余にすぎない。従業員数も同様で，1960年代には1万人未満であったが，1970年代以降に1万6,000～1万7,000人となった後に減少し，現在は2,000人前後まで激減した。しかし，生産額はピーク時と大差がない水準を維持している。

1989年を基準とすると，事業体数，従業員数は減少しているが，生産性は上昇している。従業員数には大きな変化はないが，生産額と従業員1人当たりの

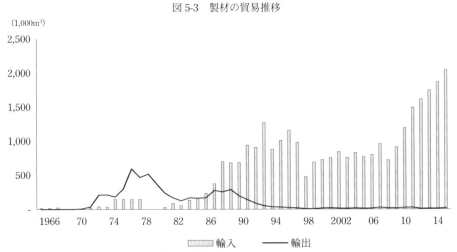

図5-3　製材の貿易推移

資料：山林庁『林業統計年報』2016。山林庁『木材利用実態調査』2016

労働生産性は上昇している（図 5-4）。設備の現代化などで労働生産性が着実に改善されたからである。製材業の従業員規模で見た工場の分布では，1970 年代までは 500 人以上の大規模な工場もあったが，1980 年代以降は徐々に小型化し，現在は 10〜50 人規模の工場が，工場数・生産額共に主流となっている（図 5-5）。

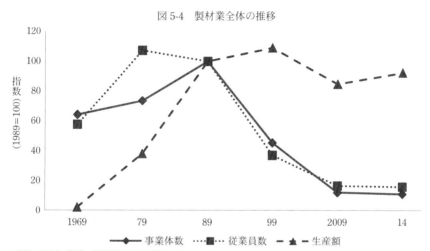

図 5-4　製材業全体の推移

資料：統計庁『鉱業・製造業統計調査報告書』(1970-2015)

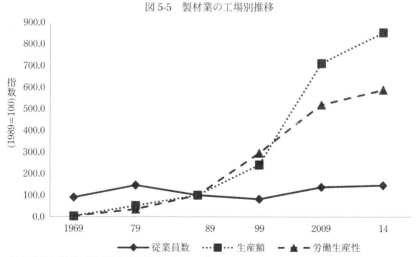

図 5-5　製材業の工場別推移

資料：統計庁『鉱業・製造業統計調査報告書』(1970-2015)

（2）合板産業

合板産業は，典型的な加工貿易型産業として1960年代の経済発展期の外貨獲得と雇用の拡大に貢献した。合板も製材と同様，1970年代半ばまでは輸出が持続的に増加したものの，1990年代初頭からの輸入自由化でインドネシアやマレーシアからの合板の輸入が急増し，急激な国内産業の萎縮をもたらした（図5-6）。

合板産業の事業体数は，1990年代末までは緩やかに上昇しているが，従業員数は1970年代末から1980年代末までの期間に急減し，その後も縮小し続けている。これは合板産業が大規模な労働集約的産業から中小規模の技術集約的産業に移行したことを意味している（図5-7，図5-8）。

韓国の合板産業をリードしているのは，韓国合板ボード協会である。合板に関連する唯一の団体であり，現在は木質ボード産業も含めた団体として活動している。同協会は1970年代半ばに結成されたのだが，同協会のメンバーを分析することで韓国合板産業の浮沈を考察できる。1976年から現在まで存続しているのは3社に過ぎず，1976年に最も高いシェア24％を誇っていたG社は10年後には消滅してしまった。現在まで存続しているのは1976年当時3〜9％水

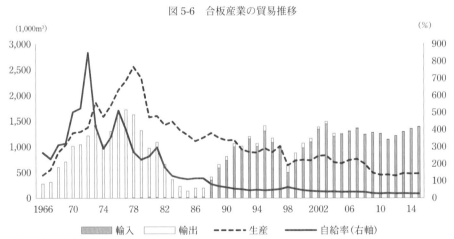

図5-6　合板産業の貿易推移

資料：山林庁『林業統計年報』（1970-2016）

図5-7 合板産業の推移

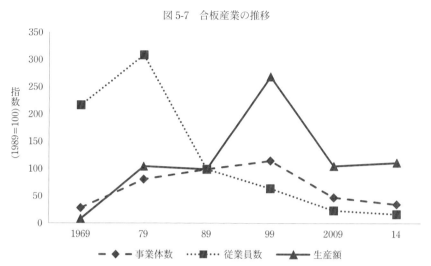

資料：統計庁『鉱業・製造業統計調査報告書』(1970-2015)

図5-8 合板産業の工場別推移

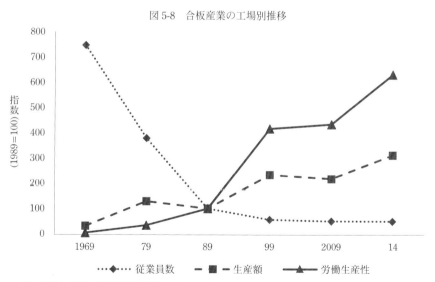

資料：統計庁『鉱業・製造業統計調査報告書』(1970-2015)

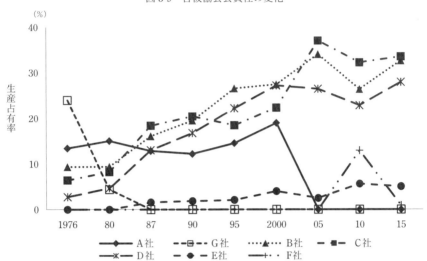

図 5-9　合板協会会員社の変化

資料：韓国合板ボード産業協会

準のシェアを占めていた会社である。現在は，5 社が合板を生産しており，大規模な 3 社が 30％のシェアを占め，残りの 2 社は 5％と 1％のシェアを占めるにすぎない（図 5-9）。

（3）木質ボード産業

ここでは木質ボード産業の中心をなすパーティクルボード（particle board, PB）と中密度繊維板（medium density fiberboard, MDF）について取り上げる。大規模な工場は，MDF が本格的に生産された 1990 年代以降に現れたが，それ以前からある PB 工場は中小規模であった（図 5-10，図 5-11）。

木質ボード産業の工場数は，初期に 50 程度であったものが，1980 年代末に 150 まで増加した。だが，現在は 100 前後で推移している。工場の動向としては，零細な規模の工場が消滅し，全体の従業員は増加したが，最近では従業員総数も減少傾向にある。1 工場当たりの従業員数は若干の増加を示しており，生産額は 1980 年代末から急激な増加傾向ある。生産額と労働生産性も上昇している。

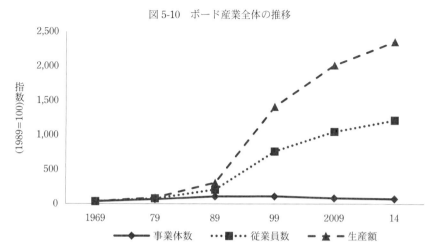

図 5-10　ボード産業全体の推移

資料：統計庁『鉱業・製造業統計調査報告書』(1970-2015)

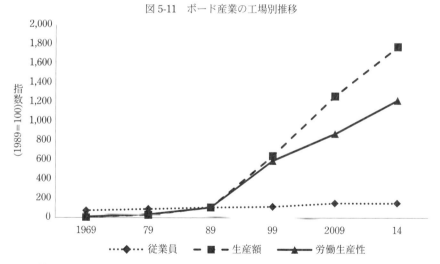

図 5-11　ボード産業の工場別推移

資料：統計庁『鉱業・製造業統計調査報告書』(1970-2015)

　PB 産業は韓国において 50 年以上の伝統ある産業で，1980 年代半ばから国内景気の活況に支えられて生産は増加し，輸入も急増した。2014～15 年には年間生産量は 80 万 m³，輸入量は 120 万 m³ を記録している（図 5-12）。

図 5-12 PB 産業の推移

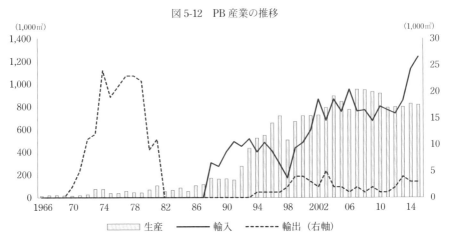

資料：山林庁『林業統計年報』(1968-2016),韓国貿易協会 統計サイト K-STAT,

　MDF は 1980 年代に入って生産が始まった比較的新しい製品であり，汎用性と合板代替により需要が急増した。国内生産量の大部分は，内需に利用されており，輸入も一時的に国内生産量の半分程度まで増加したが,最近は生産量 200 万㎥に対し，輸入量は 5 万㎥にすぎない（図 5-13）。

図 5-13 MDF 産業の推移

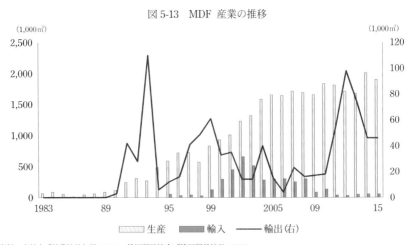

資料：山林庁『林業統計年報』2016,韓国貿易協会『韓国貿易統計』2016

5. 山林基本計画
（1）山林基本計画の体系
　韓国はこれまで山林基本計画を5回作成し，運用した。その第1回計画が1973年から施行された「治山緑化10カ年計画」で，韓国森林緑化成功の礎となった計画だった。以降10年ごとに作成され，約50年間続き，2017年に「第5次森林基本計画」が終了した。法的根拠は「山林基本法」であり，山林庁長が全国を対象に策定し施行する。山林基本計画は，森林政策のビジョンと長期的な戦略を提示する法定計画で，地域の山林計画と山林経営計画の基準となる基本的な原則と方向を提示する山林分野の最上位計画である。下部計画に，地方自治体である各市道による「地域山林計画」が作成され，山主と国有林管理所は「山林経営計画」を作成することになっている。
　2018年から始まる「第6次山林基本計画」は，国土計画と環境計画など森林と深い関連をもつ国の他の計画との連携を強化するために，20年計画で作成することになっている。もう1つの大きな変化は，行政システムの基底である市，郡を単位とした計画がなく，地域での山林管理行政と山林経営との連携が不足していることである。実はすべての山林作業の計画と実行の監督の承認は市郡で行われている。このため第6次山林基本計画から，これらを実現する政策を入れることで市郡単位の山林計画を作成するようにしている。

（2）過去の山林基本計画の主な内容
　韓国の山林基本計画は過去の第1次〜第5次までの目標と成果を通じて韓国山林政策の大きな流れを見ることができる。
　「第1次治山緑化10カ年計画」は，1973年から1982年までの計画だったが，目標を早期に達成し，1978年に終了した。その目標は，国土の速成緑化基盤構築であった。主な成果としては，108万haの森林緑化目標を早期に達成したことと，これまで森林荒廃の原因の1つとして指摘され，一方では安全保障上の問題も内包していた焼畑からの脱却作業が完了し，また村ごとに薪炭林を造成して農村の薪炭材供給源を確保した。
　「第2次治山緑化10カ年計画」は，1979年から1987年までの間に推進され，

長伐期林 [1] 中心の経済林造成と国土緑化完成を目指した。成果としては，106万 ha の造林と荒廃山地の復旧を完了した。長期的な視野で大規模経済林造成団地を指定して集中的に造林を実施した。また，林野利用の効率性を上げるために森林資源の基礎資料として「山地利用実態調査」を実施して，山地の無分別な開発を防止し，秩序ある森林開発を誘導するための保全林地，準保全林地の区分体系を導入した。「第3次山地資源化計画」は，1988 年から 1997 年まで行われ，緑化が成功した後の山地資源化の基盤の造成に目標を置いた。33 万 ha の経済林を造成し，303 万 ha の育林事業を実施した。山村の定住圏としての役割に注目して山村総合開発事業が推進されて森林レクリエーションや文化施設が拡充され始めた。山地の開発圧力がますます強まった時期に山地利用計画を再編して，森林の機能と目的に合わせて利用秩序を確立した。

「第4次森林基本計画」は，1998 年から 2007 年まで推進され，最初の森林基本計画という名前を付けることになった。リオ・デ・ジャネイロの国連持続可能な開発会議以来，世界中で持続可能性への関心が高まっている時期であり，森林管理も持続可能な森林経営が世界的な潮流となっていて，韓国も同様に持続可能な森林経営基盤の構築を目標として設定したが，2003 年の修正期に「人と森が調和する豊かな緑の国の実現」に調整した。また，1963 年に制定された山林法と山林基本法を中心に 12 の法律で機能別に区分する山林関連法律体系の改編という成果があった。森林政策の目標も「植える政策」から「育てる政策」に転換した。森林生態系の重要性が浮き彫りにされて白頭大幹 [2] など，朝鮮半島森林生態系の保全管理システムを構築し，山地管理法を制定して，自然にやさしい山地管理基盤を用意した。

「第5次森林基本計画」は，2008 年から 17 年までの計画で「全国民が森の中で幸せを味わう緑の福祉国家」をビジョンとして提示した。気候変動などの地球環境問題への森林の役割を強化し，社会構造の変化，市場の開放，地域開発のニーズに積極的に対応しようと，2013 年の改正時に計画を変更して，次のような 7 つの戦略を選定した。

① 持続可能な機能別森林資源管理システムの確立

② 気候変動に対応した森林の炭素管理システムの構築

③　林業市場機能の活性化するための基盤を構築

④　森林生態系と森林生物資源の統合的保全・利用システムの構築

⑤　国土の安全性向上のための山地と山地災害管理

⑥　森林福祉サービスの拡大再生産のためのシステムの構築

⑦　世界の緑化と地球環境の保全に先導的な貢献

（3）第6次山林計画

　第6次山林基本計画は，ビジョン，2037年の目標と戦略課題で構成されている。ビジョンは，「雇用を創出する経済林，皆が享受する国民森林，人と自然の共存の森」である。「経済林」は，森林で，さまざまな林産物の公益的価値を経済価値化し，地域の雇用を創出し，地域均衡発展に森林産業が貢献することを目指している。「国民森林」は，都市生活圏緑地の拡充，森林教育定着などを通じて生活の中に森林福祉サービスの利用を拡大し，国民の生活の質を向上させるものである。「共存の森」は，森林の保全と利用の調和を通じて森林を健全に管理し，国民に公益的，経済的価値を提供し，国民の安全を確保することを目的としている。

　第6次山林基本計画が終了する2037年の森林資源の目標には，4つの部門を設定した。すなわち，①健康で価値のある森林の目標としては森林の公益的価値を国民1人当たり年間500万ウォンに向上することと森林の生物多様性において絶滅危惧種の90％以上を保全することを目標としている。②良質の雇用と所得創出の目標には，森林分野で数年間に7万人の雇用の創出と林業の平均所得を国民平均所得の90％水準に向上させるというものである。③国民の幸福と安心国土実現目標には，全国民が森林福祉を享有することと森林災害による被害額を年間100億ウォン以内に減らすというものである。④国際貢献と統一準備目標ではSDG目標移行率100％と北朝鮮の森林荒廃地の50％である140万haを回復することとしている。

6. 結論

（1）経済発展と林業，木材産業

　韓国が第二次世界大戦の廃墟から立ち上がり，現在のような経済発展を遂げる基礎になったのは加工貿易を基礎とした輸出主導の経済発展であった。第二次世界大戦後，独立した東南アジア諸国が，自国の地下資源と森林資源などを開発して経済発展を追求してきたのとは異なる形態となっている。特に，他の発展途上国では森林資源が経済発展とともに減少したのに対し，韓国は森林蓄積が経済発展とともに上昇している。

　韓国の経済発展過程と林業や木材産業の発展過程とを比較してみる（表5-4）。1990年以前，韓国の独立後の開発の初期段階では，戦後復旧と経済発展を目的とした外貨獲得のための輸出優先主義の経済政策を推進した。森林資源は戦争など社会的混乱による荒廃がひどく，荒廃地回復をはじめとする森林の造成と保護を通じた資源の育成だけに重点を置いてきた時期である。このような努力で，第二次世界大戦後に独立した国の中で治山緑化に成功した代表的な稀有の国になった。一方，木材産業に対する原料供給の機能は不備であり，この時期の木材産業は，加工貿易型発展であり，南洋材など外材を加工して輸出し外貨を獲得するのに大きな役割を果たした。この時期の主な輸出品目をみると，1961年に合板が輸出総額の3.3%で8位，1970年には11%で2位に上がったが，1980年には木材類が2.8%で8位を記録している（宋，2015, p.443）。輸出中心の

表5-4　韓国経済発展と林業，木材産業の発展比較

時期	～1990年	1990～2000年	2000年～
経済	戦争復旧， 開発途上国 経済発展のための外貨獲得優先	安定的な経済成長， 中進国， 対外貿易環境悪化	低成長経済固定， 対外貿易条件悪化， 第4次産業革命の波
森林資源	山林の復旧，造林， 国内資源保護，森林保護政策	国内資源育成に主力， 山の手入れ作業， 森林資源の充実化	森林資源成熟，伐採， 森林資源調整整備， 国産材生産拡大必要
木材産業	原資材輸入，加工貿易， 輸出市場優先（合板，製材）， 大型工場優位	大型工場衰退・沈滞， 国内消費中心安定化， MDFなど新製品活性化	多品目柔軟生産構造， 国産材利用の経済性確保， 国産材活用商品開発， 外材優先生産体系の改編

資料：筆者作成。

木材産業であったため，政府の輸出中心の経済政策に基づいて，多くのサポートを受け大型木材加工工場を中心に産業が発展した。

　1990年以降は中進国として安定した経済成長を維持した。すでに途上国としての地位を脱する時期に至って貿易自由化が大きく進展し，市場開放の波が激しくなった。内部的には，人件費の上昇などで対外競争力が落ちていく時期であった。1998年のIMF経済危機で発生した失業者を活用した森づくり事業は，森林資源の管理に新たな方向性を提示した。それまで「木は植えると成長する」という考えから，間伐，剪定など森林管理をするとより良い木，高価な木材を作ることができるという国民的な認識が持たれるようになった。これらの森づくり作業の全国的な普及により森林資源が量的，質的に充実した時期であった。しかし，まだ木材産業で活用することができる満足のいくレベルではなく，パルプとボード用チップに供給されるレベルにとどまっている。

　木材産業は，輸入原料依存を脱却していなかったため，対外競争力が弱体化されて，輸出産業としての地位は失われ，木製品の国内市場開放に合板，製材産業における大規模な工場が衰退して，木材産業は低迷期に入った。大径材原料の不足とコスト上昇の理由でPB，MDFなどの新製品が国内市場でも活性化した。

　東アジア通貨危機を克服した2000年以降には過去のような年平均8.2％の高度経済成長は幕を下ろし，低成長経済が固定化した。以降，2013年までにGDP成長率は年平均4.2％で，高度経済成長期の半分に過ぎない（李，2015，p.60）。内部的な低成長と加速される開放経済によって対外交易条件は悪化し続けている。特にFTA，RCEPなどの二国間あるいは多国間の貿易協定は，付加価値の高い工業製品とサービス業を中心に強化されて，農林産物の輸入開放は加速している。森林資源は，継続的な森づくり事業の結果で資源の成熟度が高まっており，長期的に成熟林の伐採と資源の構造整備が必要な時点に至っている。したがって，長期的な観点から国産材生産の割合を高めて国産材の付加価値を向上させるための体系的な政策対応が必要な時期となっている。

　木材産業においては外材優先の生産体制を改編し持続的な木材産業の成長を追求するためには，国産材の高付加価値化のための柔軟な生産体制を確保し，

また国産材の経済性確保のための商品開発などが課題となっている。

（2）好循環的資源利用

第一次産業として林地で木材を育て，第二次産業である木材産業で加工して，消費者に供給することが林業や木材産業の好循環構造だと言える。林業部門だけが活発になると木材で発生する付加価値を外部あるいは外国が占めることになり，木材産業だけ旺盛になると木材産業で発生した付加価値が林業に還元されず，土地産業の荒廃をもたらすことになる。これを好循環的に続いて行くためには，林業で生産した木材を高付加価値の木材として活用するようにしなければならない。しかし，これまでの韓国の林業と木材産業は，これらの好循環的な関係が希薄で，林業は資源造成に集中し，一方木材産業は国内資源ではなく，外部から輸入した原料のもとで成長してきた。

これらの林業と木材産業の関係は，これからは好循環的な関係に発展しなければならない。資源の現状でも言及したように韓国の森林資源が 30〜50 年生の森林が最も広い面積を占めている。財政不足などで初期の森林資源管理が 20年以上停滞した後，1998 年の IMF 経済危機をチャンスに失業した人力を活用した森づくり事業から体系的な森林管理が開始されたといえる。その結果，資源の量と質は向上したが，これを経済的に活用するための基盤施設である林道，伐採技術などが不備で国産材の利用が停滞しており，用途にも既存のパルプ，ボード用チップに限定されている。資源の好循環的利用構造を確立するためには，国産材が高付加価値品目として利用することができる加工施設，製品開発，流通構造などのバリュー・チェーンが整備されるべきである。

参考文献

1. 한국은행 (2016)『국민계정 1953-2015』(韓国銀行 (2016)『国民計定，1953-2015』)
2. 한국합판보드협회 (1976-2015)『합판보드통계』(韓国合板ボード協会 (1976-2015)『合板ボード統計』)
3. 한국무역협회 통계사이트 (韓国貿易協会，統計サイト　K-STAT)　(http://stat.kita.net/)
4. 국토교통부 (2007, 2015)『지적통계연보』(国土交通省 (2007，2015)『地籍統計』)

5. 김세빈（1994）「한국목재산업의 국제경쟁력 측정과 향상에 관한 연구」『산림경제연구』V2 （1）pp.106-126.（金世彬（1994）「韓国の木材産業の国際競争力の測定と向上に関する研究」『森林経済研究』V2（1）pp.106-126）

6. 산림청（1968, 2015）『「임업통계연보』（山林庁（1986，2015）『林業統計年報』）

7. 산림청（2011, 2014, 2015）『목재이용실태조사』（山林庁（2011，2014，2015）『木材利用実態調査』）

8. 산림청（2016）『산림과 임업동향에 대한 연차보고서 2016』（山林庁（2016）『森林と林業の動向に関する年次報告　2016』）

9. 산림청（2017）『제 6 차 산림기본계획（안）요약』（山林庁（2017）『第 6 次森林基本計画（案）要約』）

10. 송의영（2015）「무역과 한국 경제의 성장」『한국경제발전 70 년』, 한국학중앙연구원 출판부（宋毅英（2015）「貿易と韓国経済の成長」『韓国の経済発展 70 年』韓国学中央研究院出版局）

11. 윤여창（2015）「한국의 산림녹화」『한국산림녹화 70 년』한국학중앙연구원 출판부（尹汝昌（2015）「韓国の山林緑化」『韓国の山林緑化 70 年』韓国学中央研究院出版局）

12． 이제민（2015）「한국의 경제성장-그 성공과 굴곡의 과정」『한국경제발전 70 년』한국학중앙연구원 출판부（李済民（2015）「韓国の経済成長-成長と屈曲の過程」『韓国の経済発展 70 年』韓国学中央研究院出版局）

13. 통계청（2006-2014）『광공업통계조사보고서』（統計庁（2006－2014）『鉱工業統計調査報告書』）

14. 통계청（1968-2008）『광업,제조업조사』（統計庁（1968－2008）『鉱業，製造業調査』）

15. FAO 통계사이트 FAOSTAT（FAO 統計サイト　FAOSTAT）（www.fao.org/faostat/en/data）

注

1）伐採までに長い時間がかかる樹種で用材を目的としている。

2）白頭大幹は、白頭山から伸び出した大きな幹を意味する。朝鮮半島の骨組みをなす山脈で、黄海と東海（日本海）/洛東江水系の流域になる。この山脈は白頭山で開始し、東海岸の山に沿って南の智異山まで続く全長 1625km で、智異山から香炉峰までの韓国の区間だけでも 690km に達する。

第6章　日本における森林管理と木材利用：
##　　　関連政策と木材需給

立　花　　敏

　本章では，まず日本の森林管理に関する政策を森林の多面的機能という観点から整理する。つぎに現在の森林資源状況を把握すると共に，その活用としての木材利用の促進に関する政策を概観する。それを踏まえて，第二次世界大戦後における日本の木材需給を含めておさらいし，日本における森林管理や木材利用の方向性を検討する。

1．日本林政の系譜
（1）森林法
　日本の森林管理に関する政策（林政）は，森林法と林業基本法（2001年の改正で森林・林業基本法）を拠りどころとしてきた。まず，森林法から系譜をたどってみよう。

　急峻な山々を有する日本において国土管理上に重要な治山治水対策として河川法（1896（明治29）年），砂防法（1897（明治30）年），森林法（1897（明治30）年）が制定された。国土保全対策としての意味合いを有する森林法は，森林施業の基本方針を示したものであり，森林資源の維持・培養と森林生産力の増進を主たる目的としていた。森林法は今日に至るまでその時代の社会的ニーズを反映して改正が繰り返されてきたが，その根幹には森林の有する多面的機能があり，構成する公益的機能と生産機能を両輪として森林の諸機能を十全に発揮させることが目指されてきたと言える。

19 世紀末の山林荒廃や洪水の頻発[1] を背景に，初期の森林法においては特に国土保全や洪水制御（水源涵養機能をはじめとする森林の公益的機能の確保）に重きがおかれた。ここで確立された保安林制度は，いわば公益的機能を発揮させるために木材生産や開墾を規制する内容で，森林犯罪の取締りと並んで二大柱の1 つとして重要な位置にあった。この時の保安林制度は水源涵養保安林をはじめとする 12 種類を有した。

なお，保安林制度は林政において根幹を為し続けており，ここ 10 年余りに頻発する自然災害への対策の 1 つとしても重要性を増している。現在，保安林には水源涵養保安林や土砂流出防備保安林などの 17 種類があり，その実面積は全森林面積の半分近くの 1,214 万 ha（2015 年度末現在）に達している。他の自然資源との関わりが考慮され，また日本社会に長く根付き，かつ森林所有者にも理解を得やすいこの制度を活用し，指定基準を精緻化しつつ森林のゾーニングへと繋げることが益々重要になっていると言える。他方で，拡大造林[2] によって造成されたスギやヒノキの人工林が伐期に入るなかで，間伐のみならず主伐，さらには再造林のありようを再検討する必要性も高まっている。

1897 年に制定された第一次森林法は，その後に何度か改正された。代表的な改正として，1907 年に土地の使用および収用の規定追加，公有林などにおける施業案制度の創設，そして生産機能の確保に関する付加，地域の森林所有者の協同による森林の造林，施業，保護，土木工事（道路開設など）のための森林組合の設立などがあり，木材需要増大に伴う林業生産の発展に対応した林業振興や営林監督の強化が図られる内容であった（第二次森林法）。次第に森林の有する生産機能に重きが映っていくのである。このもとで，1927（昭和 2）年に水源涵養造林補助規則が導入されて水源地帯の無立木地への造林を図り，さらに 1929 年には 3 分の 1 の補助率（国 4 分の 1，府県 12 分の 1）により 40 年間に 400 万 ha を計画目標とする拡大造林が志向された。そして，1941 年には現在の造林補助事業の原型として伐採跡地の造林や天然更新も対象に国庫補助が適用されることとなり，補助率は 1944 年に 4 割へ引き上げられた[3]。

1951 年の森林法は，1907 年の森林法を全面改正して成立し，第二次世界大戦後の林政を規定するものであった（第三次森林法）。この改正により，森林計

画制度，森林組合制度，伐採許可制度という 3 つの新たな制度が導入された。森林計画制度は，「国の責任で森林計画を作成することとし，森林計画を営林監督の拠りどころ」とするものであり，「国から委任を受けた都道府県が計画の立案と施策の実行に当たる」内容で [4]，いわば伐採規制を強化し，普通林の適正伐期齢未満は伐採許可制，その外の伐採は事前届け出制とするものであった。この森林計画制度は，森林法の改正や後述する林業基本法の制定に伴って変更され，流域などをベースとする森林基本計画（農林水産大臣策定，5 カ年計画），民有林を対象とする森林区施業計画（知事策定，5 カ年計画），森林区実施計画（知事策定，毎年の実行計画）からなり，さらに国有林では営林局長が経営計画を策定する内容であった。第二次世界大戦を経て森林資源の制約が増した状況下で，計画的に資源の充実を図る必要があったのである。森林組合制度は，第二次森林法の森林組合とは大きく変わる内容となり，例えば目的は①森林所有者の協同組織により森林施業の合理化と森林生産力の増進を図ること，②森林所有者の経済的社会的地位の向上を期することとなった。伐採許可制度は，制限林的側面を有し，森林区施業計画において樹種や林齢により伐採許容量と造林を行うべき箇所を定めるものだった。また，1962 年に全国森林計画と地域森林計画，一般の森林所有者に対する施業勧告制度が新設され，若齢林が多く伐採対象となる森林が少ないという時代背景の下で伐採届出制度も導入された。この時に普通林伐採許可制は廃止された。さらに，1998 年には森林計画制度における市町村森林整備計画制度の拡充がなされた。

　2009 年 12 月に公表された森林・林業再生プランは「コンクリート社会から木の社会へ」という方向性，大枠としては木材自給率を 2020 年までに 50％とし，低炭素社会の実現を目指すことが示された。それに伴って森林法も改正され，特に森林計画制度における市町村森林整備計画のマスタープラン化や森林経営計画の創設を含む制度的枠組みの整備が進められることとなった（図6-1）。森林計画制度は，森林・林業基本法第 11 条に基づき政府がたてる森林・林業基本計画のもとで，森林法第 4 条に基づき農林水産大臣が 15 カ年の全国森林計画を策定する。そのもとで，森林法第 5 条に基づき都道府県知事は 10 カ年の地域森林計画を策定し，さらに市町村長は森林法第 10 条の 5 に基づき 10 カ

図 6-1 森林計画制度の体系

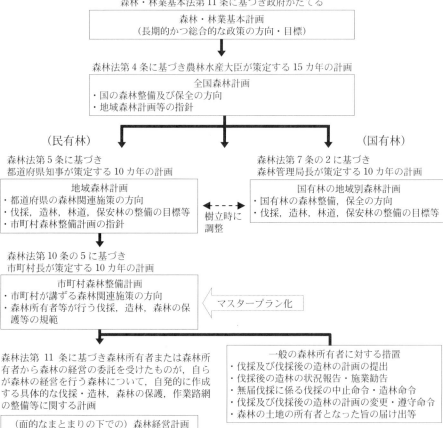

資料：林野庁「森林・林業白書 平成29年版」資料Ⅱ-6を参考に筆者作成。

年の市町村森林整備計画を策定する体系であるが，この市町村森林整備計画がマスタープランとして重きを増したのである。また，森林所有者等は5カ年の森林整備計画を策定し，市町村長が認定する仕組みであるが，面的なまとまりをもって森林経営計画が作成されると，その作成者に限定して必要な経費を支払う森林管理・環境保全直接支払制度も導入された。一定のまとまりをもって

施業することにより森林施業の効率化を促すことが意図されている。この他にもフォレスター制度，森林施業プランナー認定制度の創設なども行われた。

第二次世界大戦後に注目すると，後述するように 1960 年代からの高度経済成長のもとで木材需要が増大し，森林に対する社会的ニーズは生産機能・公益的機能の両者から生産機能へと変容した。それに伴い針葉樹・広葉樹をあわせた包括的森林資源の維持・造成政策（資源政策）から生産機能確保のための資源政策へシフトし，拡大造林が全国各地で行われるようになったのである。木材需要の増大に国内の木材生産が対応できないままに木材価格が高騰し，国民経済を圧迫したことなどがその背景にあった。1960 年の中央森林審議会による「林業の生産性の向上と生産量の増大，木材需給の円滑化と流通の合理化，林業構造の改善などの諸施策を講ずべきである」という答申が，社会的要請の変化を端的に表していたのである。こうしたなかで，日本では同じ時期に丸太輸入が実質的に自由化された。

（2）基本法，そして木材利用促進へ

このような林政への要請の変化のなかで，1964 年に林業基本法（以下，基本法）が制定された。基本法は「宣言法的な内容」であったが，林業の発展（林業総生産の増大，林業の生産性の向上）と林業従事者の経済的社会的地位の向上（林業従事者の所得の増大）を目的とする産業政策の拠りどころとしての性格を持ち，森林法下の資源政策に新たな視座を加える内容となった。この時から，日本の林政体系はこれら 2 法により構成されることとなったが，「基本法は，林業の自然的社会的制約による不利を補正し，林業の総生産の増大を期するとともに，他産業との格差が是正されるように林業の生産性を向上することを目途として林業の安定的発展を図り，併せて林業従事者の所得を増大してその経済的社会的地位の向上に資することを政策の目標として設定して」おり，森林法との関係は「その視点が，林業の生産とくに労働の生産性におかれていることは，森林そのものの生産性を基軸とする森林法と対照的である。……互いに相反するものではなく，むしろ補完関係にあるものとみられ」[5] た。なお，この段階では基本法の法文に「木材産業」はなく，林政の射程には入っていなかった。

基本法は，森林法のもとでの資源政策に代わって産業政策に重きをおくものであり，林業の産業としての位置づけを高め，生産機能の発揮を重視しつつ公益的機能を副次的なものとした。公益的機能は，木材生産活動のなかで生み出される間接的効用として位置づけられたのである（予定調和）。基本法下での林政は，資源・生産政策，流通・消費政策，構造・配分政策から構成され，手段としては財政上の措置，林業従事者などの努力の助長，林業構造改善事業（林構事業）の助成などが採られてきた[6]。

基本法の制定に伴い，林道・作業道の整備と生産・流通関係の機械・装備の充実を二大柱とする林構事業が導入された。1964～74年度の第1次林構事業では小協業体が事業の主たる受け皿となり，1972～85年度の第2次林構事業では森林組合に重点を移し，原木市売市場などの流通関係も対象とするようになった。そして，中小規模の規模拡大の政策的追求は後退を余儀なくされた。その後も，1980～94年度の新林構事業，1990～2001年度までの林業山村活性化林構事業，1996～2002年度の経営基盤強化林構事業，2000～03年度の地域林業経営確立林構事業，2002～04年度の林業・木材産業構造改革事業，2005～07年度の強い林業・木材産業づくり交付金，2008～12年度の森林・林業・木材産業づくり交付金，その後の次世代林業基盤づくり交付金というように名称を変え，製材業などの木材加工にも対象を拡げながら取り組まれている。

森林法と基本法のもとでの林政の難しさは，森林資源の齢級（5年がひとまとまり）構成の歪さとなって現れている。1987年と2012年における人工林の齢級構成は図6-2のとおりであり，山型を描く構成のまま25年分だけ右にシフトしている。2012年には，産業用の用材向けに造林されたスギやヒノキなどの人工林はⅨ～Ⅺ齢級（41～55年生）にピークがあり，Ⅸ～Ⅺ齢級が人工林面積の約6割を占める。1950年代後半から70年代前半にかけて拡大造林という形で盛んに造林が行われたわけだが，木材価格が低迷するなかで（後述），それ以後は除・間伐などの手入れが遅れるとともに不足することとなった。造林面積は1960年代の年間35万～41万haを経て減少の一途を辿っており，近年は伐採面積（造林用地）の減少や伐採後の造林放棄により年間2万～3万haにとどまっている。

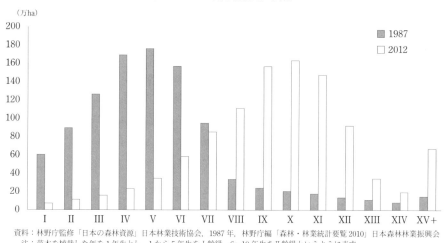

図6-2 人工林齢級構成の変化

資料：林野庁監修「日本の森林資源」日本林業技術協会，1987年，林野庁編「森林・林業統計要覧 2010」日本森林林業振興会
注：苗木を植栽した年を1年生とし，1から5年生をⅠ齢級，6〜10年生をⅡ齢級というように表す。

　また，林業従事者数の減少が継続しており，例えば1980年の14万6,000人余りから2015年の4万7,000人余りに35年間に3分の1程となった。それに対しては，2003年度から始まった林野庁の「緑の雇用」事業により林業への新規就業者が年間800人余り〜2,200人余りの範囲で続き，35歳未満の若年者率が1990年の6％から2000年の10％，2010年の18％へ高まった。そして，それとともに高齢化率は2000年の30％から2010年の21％へ低下し，改善方向が現れている。

　2001年6月に基本法が改正され，森林・林業基本法が成立した。「我が国林業の現状は，旧林業基本法が意図した産業としての振興を果たせず，市場経済至上主義の波に飲まれて，その持続的存立が危殆に瀕する状態に立ち至っている。それは国の政策が第二次・第三次産業の振興による経済発展を重視した為に，自然条件の制約下で生産性の低い第一次産業が追随出来ず，林業から人と資本が共に流出していったからに他ならない」[7]状況となり，「林業政策の目標を旧法の林産物生産振興から，公益を重点にして，森林の多面的機能発揮に視点を置く持続的経営の確立に転換」する方向へ舵を切ることになったのである。ここでは，造林放棄地の出現に象徴されるような，1964年基本法下で林野行政が

想定してこなかった，森林所有者が森林を「保有すること自体がお荷物」と捉えるようになるという事態の発生もあった[8]。基本法林政下の考え方が，この改正を機に生産機能を重視する産業政策から生産的機能と公益的機能とを包括する多面的機能を重視する政策へ転換したのである。この背景には，国民生活の向上や価値観の多様化に伴う公益的機能への強い期待や要請があり，費用負担上の担い手という認識もあったと推察される。

　他方，森林・林業基本法では「木材産業などの健全な発展」を条文に加え，木材利用という視点を取り入れた点にも特徴がある。そして，その裏付けの下で流通・加工の合理化を図るべく，国産材新流通・加工システム（2004〜06年度）や新生産システム（2006〜10年度）として流通・加工政策が採られ，また2010年の公共建築物などにおける木材の利用の促進に関する法律によって公共建築物を原則として全て木造化ないし内装木質化を図る方向ともなった。そうしたなかで，製材工場を例に取ると，比較的大規模に年間 3 万 m^3 以上の原木を加工する国産材挽き製材工場などが全国に拡がりを見せている（図6-3）。1960年代からの丸太輸入自由化とともに港湾立地型の木材加工場が増加したが，近年の傾向として国内人工林資源を原料とする工場が増え，それらは資源立地型の稼働が少なからず見られるようになっている。そして，都道府県を超えた広域での原木・木材製品の流通が増えている。

　それに加え，2006年の住生活基本法で森林吸収源対策として住宅への地域材利用の促進が，また 2008 年の長期優良住宅の普及の促進に関する法律でも木造住宅の伝統的な技術に係る研究開発の推進や基本方針を定めるに当たっての木造住宅への配慮が謳われるようになった。京都議定書の発効を契機として，住宅のみならず公共建築物，そして商業施設などの非住宅建築物において木材を使用することが進められているのである。例えば，学校や保育所，図書館などの文教施設や，老人ホーム，病院，体育館，鉄道などのターミナルが木造化・内装木質化されたり，2020年の東京オリンピック・パラリンピックの新国立競技場に木材を使用すべく様々な検討が行われたりしている。また，木材利用において合法性や持続可能性の確認や確保が国際的にも強く求められるようになり，日本でも 2006 年に国などによる環境物品などの調達の推進などに関する

図 6-3 近年に整備された大型木材加工場

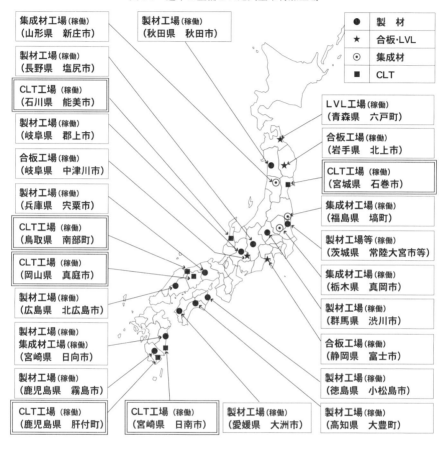

注：製材，合板・LVL，集成材工場については，平成22（2010）年度以降に新設された工場で，平成29（2017）年2月現在で，年間の国産材消費量3万m³以上（原木換算）のものを記載。CLTについては，平成29（2017）年2月末現在の主な生産工場を記載。
出典：林野庁「森林・林業白書 平成29年版」資料Ⅳ－23 元の資料は，林野庁木材産業課調べ。

法律（グリーン購入法），2016年には合法伐採木材などの流通及び利用の促進に関する法律（クリーンウッド法）を制定し，違法な森林伐採や木材取引のない丸太や木材製品の取り引きを促す取り組みが展開している。こうした取り組みに対して，森林の持続可能性や丸太（原木）・木材製品・紙製品の分別管理につい

て専門性を有する第三者が審査・認証する森林管理協議会（FSC）や PEFC 森林認証プログラム（PEFC）などの森林認証制度が重要な役割を果たしている。

　社会的費用便益を考えるならば，社会的に望ましい緩やかな資源配置のもとで，針葉樹と広葉樹の包括的資源造成を目的とし，市民からの協力を得ながら林業の振興を図ること，そして再生可能資源である森林から産出される木材を枯渇性資源に代わって広く使用していくことが求められている。それに対しては，森林管理状況のモニタリングや丸太・木材製品・紙製品の生産・加工・流通におけるトレーサビリティーの高度化が重要である。そして，政策的に指向すべきは元来の森林法における資源政策であり，そのなかでは長期的かつ広範な視点のもとでの生産林（その大半は人工林）における法正林（後述）の造成が必要になってくる。森林の減少や劣化を抑えて森林資源を有効に活用していくには，生産機能と公益的機能をともに発揮し得る資源政策がまず重要なのである。このことは，一国のみならず地球規模でみても言えることである。

2．第二次世界大戦後における日本の木材需給構造
（1）需要面
　林政の系譜と関連付けながら日本の木材需給構造をみてみよう。高度経済成長期に木材需給量は急速に増加し，木材価格も上昇していったが，1973 年の第一次石油ショックから 1990 年代半ばまでは 9,000 万 m³〜1.1 億 m³ の範囲で推移し，価格も 1980 年代以降に低下の途をたどった（図6-4）。1980 年代前半に経済成長がやや低下して木材需給量は 9,000 万 m³ を下回ったが，1985 年のプラザ合意を経て進んだ円高に伴うバブル経済期には木材需要も増加し，1990 年代半ばまでは 1 億 m³ を上回る水準が続いた。その後 2000 年代まで住宅着工戸数の減少と共に傾向的に木材需給量は減少したが，2010 年代になり上述のような木材需要拡大に向けた政策や取り組みが拡がり，やや回復した。

　木材需要量の変遷には新設住宅着工戸数の増減が影響してきた（図 6-5）。第二次世界大戦後の新設住宅着工戸数は 1968〜2008 年に 100 万戸を上回っており，そのなかでも 1972〜1973 年や 1987〜1990 年，1996 年には 160 万戸を超えて相対的に一段高い着工戸数となった。他方，リーマンショック後の 2009

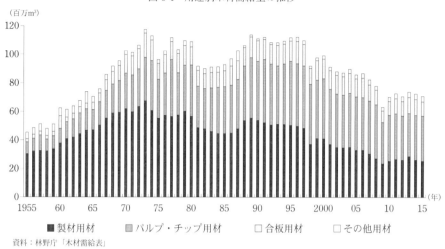

図6-4 用途別木材需給量の推移
資料：林野庁「木材需給表」

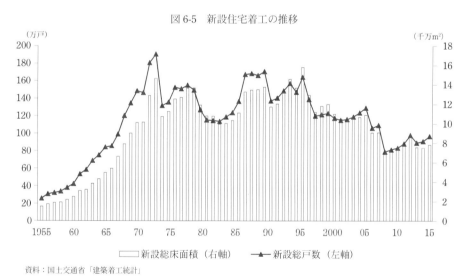

図6-5 新設住宅着工の推移
資料：国土交通省「建築着工統計」

～2010年には80万戸前後にとどまった。新設床面積も概ね着工戸数と似たトレンドを示している。これらから計算した新築住宅の1戸当たり床面積は，1970年に全体平均で68m^2，木造平均で69m^{2}であったが，1980年に各々94m^2，

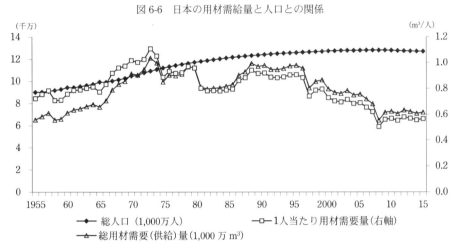

図6-6　日本の用材需給量と人口との関係

資料：林野庁「木材需給表」，総務省「日本の統計2015」「人口推計資料No.76」など

100m²と変化し，1990年に同81m²，100m²，2000年には同97m²，116m²へ拡大した。2010年には90m²，103m²に低下したものの，過去30年間では特段の落ち込みとはなっていないと言える。

　また，1人当たり木材需要量は1970年代前半に1.0m³を超えていたが，その後に低下し，低成長期となった1982～85年には0.8m³を下回った（図6-6）。その値は，1985年のプラザ合意を経てバブル経済期になると0.9m³を上回り，1990年代半ばまで0.9m³前後の水準にあったが，2000年代には0.8m³から0.5m³強へ顕著な減少が見られた。つまり，新設住宅着工戸数の増減に強く影響されながら，特に1996年以降に人口が緩やかに増加するなかで木材需要量は減少傾向をたどり，1人当たり木材需要量も傾向としては減少した。ここから，今後の国内木材需要量を考える上では，新設住宅着工戸数や1人当たり木材消費傾向が重要な要素であることを確認できる。そして，この1人当たり木材需要量は先進国の中では際立って低く，地球温暖化対策などにとっても化石燃料や枯渇性資源に代わって木材利用が重要な方向であることを考え合わせると，戸建て住宅や公共建築物のみならず商業施設などへの木材利用の促進がますます重要になると考えられる。

用途別木材需要量の割合は，1970 年に製材用が 60％，パルプ・チップ用が 24％，合板用が 13％であったが，1980 年に各々52％，33％，12％，1990 年に同 47％，37％，13％，2000 年に同 41％，42％，14％と変化し，2010 年には同 36％，46％，14％となった（図 6-4）。この 40 年間に製材用の割合が 60％から 36％へ著しく落ち込み，他方でパルプ・チップ用材が 24％から 46％へ 2 倍近くのシェア拡大を見せた。数量では，製材用が 1970 年代初めの 6,000 万 m³ 余りから近年の 2,500 万 m³ 程へ大幅な減少となり，パルプ・チップ用は 1990 年代の 4,000 万 m³ 余りから近年の 3,000 万 m³ 余りへ減少した。合板用については，新設住宅着工戸数の増減に左右されながら 1970 年代以降に 1,000～1,500 万 m³ の水準にあったが，2009 年と 2010 年には 1,000 万 m³ を下回った。

　用途別木材需要量に関しては，1970 年代以降に製材用の減少が顕著に現れており，それが全体としての変化に対して大きな影響を与えていることが分かる。また，2008～10 年には，製材用が 2,708 万 m³ から 2,344 万 m³，2,528 万 m³ へ，パルプ・チップ用が 3,722 万 m³ から 2,848 万 m³，3,100 万 m³ へ，合板用が 1,024 万 m³ から 812 万 m³，954 万 m³ へ変化し，この間に特にパルプ・チップ用の減少が大きかった。リーマン・ショックに伴う景気低迷の影響が紙需要により現れたと考えられる。

（2）木材供給

　木材自給率は 1960 年代から 2000 年代初頭まで傾向的に低下をたどってきた（図 6-7）。この間に自給率がやや改善したのは，木材需要量が減少した 1980 年代前半だけであり，需給構造としては輸入材へ強く依存してきたのである。だが，2005 年以降は木材需給量が減少するなかで国産材生産が上向きに転じ，木材自給率は上昇傾向を見せ，2016 年には 33.8％となった。また，輸入材の内容には丸太から木材製品へという大きな変化があった。1970 年に輸入材に占める丸太の割合は 70％であったが，80 年代前半に 50％を，2000 年には 20％を割り込んだ。さらに，近年は 10％を下回る水準まで低下した。このことは，木材産業にとっての原料としての重さが国産材に増すことを意味する。

　国産材用材供給量は，1970 年の 4,624 万 m³ から 1985 年の 3,307 万 m³，2000

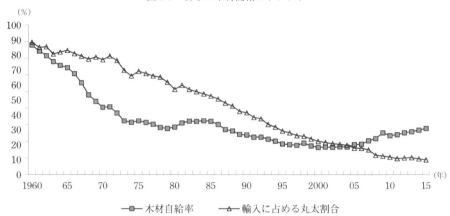

図6-7 日本の木材需給のトレンド

資料：農林水産省「木材需給報告書」「木材統計」，財務省「貿易統計」

年の1,802万m^{3}へと減少し，2002年の1,608万m^{3}を底に増加し始めた。地球温暖化対策としての森林整備の展開に伴う間伐が進み，その供給量が増えるとともに2013年からは2,000万m^{3}を超すようになった。

用材部門別に見ていこう。製材用は1970年代から緩やかな減少傾向をたどり，1970年の2,736万m^{3}から1990年の1,802万m^3，2010年の1,058万m^{3}へ低下した。パルプ・チップ用も1985年の1,284万m^{3}から2004年の425万m^{3}へ減少し，その後は上向いて500万m^{3}程となっている。合板用は1970年代に60万～90万m^{3}の水準にあり，その後は低迷が続いて2000年に14万m^{3}まで低下したが，2000年代に入り厚物構造用合板の製品開発により需要が増し，2010年には249万m^{3}に達した。

合板用素材の内容を見てみよう（表6-1）。1990年の合板用素材需給量は984万m^{3}であり，その96％余りが輸入材であった。輸入材のなかでは南洋材が913万m^{3}と大部分を占め，北洋材やニュージーランド（NZ）材は共に10万m^{3}超に過ぎなかった。国産材は35万m^{3}であり，そのうち広葉樹材が34万m^3，針葉樹材は2万m^{3}にとどまった。2000年には，輸入材の526万m^{3}のうち南洋材は260万m^{3}と半分未満に地位を下げ，北洋材が189万m^{3}と3割余りを占め，

表6－1　合板用素材需給量の推移

(単位：1,000 m³)

	1990	95	2000a	05	06	07	08	09	10	11	12	13	14	15b	b×100/a(%)
輸入材合計	9,485	7,093	5,263	3,773	4,039	3,595	1,849	1,128	1,321	1,334	1,235	1,165	1,214	864	16.4
南洋材	9,129	5,502	2,597	1,108	1,018	846	535	399	424	347	251	204	216	193	7.4
米材	69	102	29	13	26	48	135	194	412	877	855	871	869	544	1,875.9
北洋材	181	928	1,893	2,506	2,897	2,655	1,123	443	431	92	–	×	88	100	5
ニュージーランド材	103	388	603	124	83	35	33	64	44	–	–	×	35	20	3
その他	9	173	141	22	15	11	23	28	10	18	129	3	6	5	3.5
国産材合計	354	369	138	863	1,144	1,632	2,137	1,979	2,490	2,524	2,602	3,016	3,191	3,356	2,431.9
スギ	0	1	0	542	803	1,061	1,297	1,176	2,476	2,514	2,593	3,006	3,177	3,340	2,420
カラマツ	5	40	51	210	217	386	592	607							
その他の針葉樹	14	144	9	81	106	172	214	189							
広葉樹	337	184	78	30	18	13	34	7	14	10	9	10	14	16	20.5
合計	9,835	7,462	5,401	4,636	5,183	5,227	3,986	3,107	3,811	3,858	3,837	4,181	4,405	4,218	77.4
国産材のシェア	4	5	3	19	22	31	54	64	65	65	68	72	72	80	

資料：農林水産省「木材需給報告書」「木材統計」

注：1) 輸入材の「その他」について、「木材需給報告書」の2011年と2012年は「－」の記載であるため、合計から南洋材と米材と北洋材の数量を差し引いた値を記載した。
　　2) 表中の「－」は事実のないもの。「×」は個人又は法人その他の団体に関する秘密を保護するため、統計数値を公表しないものである。

NZ材も60万m³まで増加した。国産材は14万m³にとどまり，内訳は広葉樹材が8万m³に減少し，カラマツ材が5万m³へ増加した。だが，2000年代になると輸出国の要因と日本の上記製品開発により，劇的な構造変化が生じた。まず，2000〜07年には輸入材のうち南洋材が減少の一途となり，それに代わって北洋材が中心をなすようになった。だが，後述する北洋材価格の高騰を要因として北洋材離れが進み，さらに南洋材は資源減少に伴って供給余力が残されていなかったことから，2007年以降に輸入材が一気に減少した。そして，それに代わって国産材の著しい増加が現れたのである。具体的には，輸入材が2007年の360万m³から2009年の113万m³へ減少し，国産材は2005年の86万m³から2007年の163万m³へ，さらに2010年の249万m³へ急増した。そして，その後も増加は続き2015年には336万m³に達している。このなかで，スギ材は2007年に100万m³を超え，カラマツ材も2008年に50万m³を上回った。2015年の数量を2000年と比べると，輸入材は6分の1に激減し，国産材は24倍に激増したのである。そして，国産材のシェアは2010年に65％を占め，2015年には80％に達した。

丸太輸入は上述のとおり顕著な減少が続いている（図6-7）。日本は，1970年代に南洋材丸太を年間2,000万m³超，米材を1,000万m³超，北洋材を900万m³超，合計4,000万m³を超える輸入をしたが，その量は1980年代以降に急速に減少していった。すなわち，1980年代にインドネシアやマレーシアなどの熱帯諸国において資源ナショナリズムや合板産業の工業化の展開，1980年代末から1990年代前半にかけて米国でマダラフクロウやマダラウミスズメの保護運動に伴う連邦有林と州有林での伐採規制や丸太輸出制限が実施され，さらに1990年代後半からは米国経済の回復に伴う旺盛な林産物需要を背景に，日本の輸入できる丸太は減少したのである。また，北洋材の輸入に関しても，ロシア政府の丸太輸出関税の引き上げ方針の表明に伴う丸太輸出価格高騰などにより，2000年代後半に急速に減少した。そして，米国経済が低迷し，北洋材丸太輸入の減少が進んだ2008年から米マツ丸太の合板用素材としての輸入が増え，2011〜14年に80万m³を超す量となった。

製材品の輸入は1997年まで増加傾向にあったが，その後は1,000万m³に満

たない水準が続き，近年は 600 万 m³ にとどまっている。その中心を担ってきたのは北米から輸入される米材製材品であり，1980 年代後半に円高基調のもとで顕著な増加を見せ，丸太に替わる輸入品となった。そして，1996 年には 784 万 m³ が輸入された。その後は，米加両国からの米国向け供給の増加，近年は中国向け輸出の増加により，2009 年まで日本の米材製材品輸入の減少が続き，2010 年の輸入量は 271 万 m³ にとどまった。また，2000 年代以降に日本は欧州の製材品を 200 万〜300 万 m³ 輸入している。欧州のなかでは，特にスウェーデン，フィンランド，オーストリアからの輸入が多く，近年の 3 カ国の合計は欧州製材品の 7 割を占める。

　木材チップは，1,000 万〜1,400 万トンの水準で輸入され，製材端材などを含めると海外への依存が高いと言える。1990 年代に針葉樹材チップは米国，広葉樹チップは豪州を中心に輸入したが，2000 年代になると米国からの輸入が大幅に低下し，豪州，チリ，南アフリカ，ベトナム，ブラジルなどが上位を占めた。日本は豪州からユーカリのチップばかりではなくラジアータマツのチップも輸入している。さらに 2010 年代には，オーストラリアの成長量の相対的低下や輸送コストの多少を反映し，広葉樹材チップの主たる輸入元はベトナムに変化している。

（3）価格の関係
　日本を代表する針葉樹人工林材のスギ材とヒノキ材について，1m³ 当たりの山元立木価格（各年 3 月末現在における利用材積 1m³ 当たり平均価格），中丸太価格（径 14〜22cm，長 3.65〜4.0m），正角（厚 10.5cm，幅 10.5cm，長 3.0m，2 級）価格を表にまとめた（表 6-2）。
　ここでは農林水産省「木材需給報告書」「木材価格」および一般財団法人日本不動産研究所「山林素地及び山元立木価格調」に掲載されている価格そのものを用いて作表し，比率を計算した。本来ならば長期価格データはデフレーターによりある基準年で実質化すべきであるが，比率を計算する上では実質化してもしなくても変わりはなく，読者もそのままのデータを用いる方が読み易いと考え，このようにすることとした。なお，ここで用いる時系列価格を日本銀行

表6-2　スギとヒノキの丸太価格と正角価格に対する立木価格の比率

（単位：円/m³）

	スギ			ヒノキ			対丸太立木価格比		対正角立木価格比	
	山元立木価格	中丸太価格	正角価格	山元立木価格	中丸太価格	正角価格	スギ	ヒノキ	スギ	ヒノキ
1960	7,148	11,000	17,300	7,996	12,000	25,500	0.65	0.67	0.41	0.31
70	13,168	18,400	34,300	21,352	37,500	77,300	0.72	0.57	0.38	0.28
80	22,707	38,700	70,400	42,947	76,200	141,500	0.59	0.56	0.32	0.30
90	14,595	26,000	59,700	33,607	67,600	115,900	0.56	0.50	0.24	0.29
95	11,730	21,700	56,700	27,607	53,400	100,600	0.54	0.52	0.21	0.27
96	10,810	22,400	57,400	25,469	53,800	102,800	0.48	0.47	0.19	0.25
97	10,313	21,100	58,100	24,603	49,100	102,200	0.49	0.50	0.18	0.24
98	9,191	18,900	47,400	21,436	43,100	75,600	0.49	0.50	0.19	0.28
99	8,191	18,800	48,200	19,840	42,400	75,600	0.44	0.47	0.17	0.26
2000	7,794	17,200	47,300	19,297	40,200	75,700	0.45	0.48	0.16	0.25
01	7,047	15,700	44,700	18,659	37,800	73,000	0.45	0.49	0.16	0.26
02	5,332	14,000	42,000	15,571	31,500	69,100	0.38	0.49	0.13	0.23
03	4,801	14,300	42,400	14,291	31,600	69,600	0.34	0.45	0.11	0.21
04	4,407	13,500	42,700	13,924	29,400	70,600	0.33	0.47	0.10	0.20
05	3,628	12,400	40,700	11,988	25,200	66,300	0.29	0.48	0.09	0.18
06	3,332	12,700	40,500	11,024	26,300	66,000	0.26	0.42	0.08	0.17
07	3,369	13,300	42,700	10,508	25,400	69,700	0.25	0.41	0.08	0.15
08	3,164	12,200	42,400	9,432	23,600	67,900	0.26	0.40	0.07	0.14
09	2,548	10,900	41,700	7,850	21,300	66,300	0.23	0.37	0.06	0.12
10	2,654	11,800	41,600	8,128	21,600	64,900	0.22	0.38	0.06	0.13
15	2,833	12,700	58,100	6,284	17,600	78,600	0.22	0.36	0.05	0.08
16	2,804	12,300	57,400	6,170	17,600	79,300	0.23	0.35	0.05	0.08

資料：農林水産省「木材需給報告書」及び一般財団法人日本不動産研究所「山林素地及び山元立木価格調」である。

注：1）山元立木価格は利用材積1m³当たり平均価格（各年3月末現在）である。

2）寸法については、中丸太が径14〜22cm、長3.65〜4.0m、正角は厚10.5cm、幅10.5cm、長3.0m、2級である。

3）丸太価格は各工場における工場着購入価格、正角価格は小売業者への店頭渡しの販売価格である。

「国内企業物価指数（総平均）」により 2015 年基準で実質化すると, 1m³ 当たり価格は 1973 年に最も高く, スギの山元立木価格は 2 万 5,880 円, 中丸太価格は 4 万 3,656 円, 正角価格は 9 万 4,782 円, ヒノキの価格は同順に 4 万 3,935 円, 8 万 4,945 円, 18 万 3,318 円であった。

まず, 丸太価格に対する立木価格の比率（対丸太立木価格比）を見ていこう。スギ立木価格の 1960 年, 1970 年, 1980 年の比率はそれぞれ 0.65, 0.72, 0.59 であり, 1960〜71 年のうち 5 カ年で 0.7 を超し, 0.6 を下回ることはなかった。1973 年に初めて 0.59 となったが, 1985 年のプラザ合意を経て円高基調が始まる 1986 年までは 0.6 を下回ったのは 1979 年と 1980 年を加えた 3 カ年のみであり, 相対的に見て立木価格は高い水準にあったと言える。その後 1995 年までは 0.5 台を維持したが, 1996 年から 0.4 台へ, 2002 年から 0.3 台へ, そして 2005 年からは 0.2 台へ低下し, 2009 年以降は 0.22 程度が維持されている。比率としては 1960 年代の 3 割強にとどまっているのである。

ヒノキ立木価格の比率については, 1960 年, 1965 年, 1970 年, 1975 年, 1980 年に 0.67, 0.59, 0.57, 0.54, 0.56 であり, 高度経済成長期の真っただなかとも言える 1960 年代前半に低下し, その後 1986 年までは概ね 0.5 台後半を維持した。だが, 1987 年から 0.5 程度の水準が続くようになり, 1999 年から 0.5 未満で安定し, 2009 年からは 0.3 台にとどまるようになり, 1960 年代の概ね 2 分の 1 である。

丸太価格に対する立木価格の比率をスギとヒノキで比べると, 1960 年代前半には共に概ね 0.65 を上回って高かったが, 1960 年代後半にヒノキの比率が低下し, スギの比率がヒノキのそれを上回る状況が 1990 年代半ばまで続いた。だが, 1990 年代後半になるとスギの比率の低下が加速し, 0.1 以上の差となっている。

次に, 正角価格に対する立木価格の比率（対正角立木価格比）は, スギが 1960 年の 0.41 から 1970 年の 0.38, 1980 年の 0.32, 1990 年の 0.24, 2000 年の 0.16, 2010 年の 0.06 へ徐々に低下し, この間に最高だった 1962 年の 0.45 に比べ 2016 年の 0.05 は概ね 1 割の水準にとどまっている。ヒノキについては, 同順に 0.31, 0.28, 0.30, 0.29, 0.25, 0.13 と推移し, 2001 年までは 0.25 を上回って比較的

安定していたが，それ以降には低下傾向が続いて近年は0.08となっている。スギの比率は1980年代から2000年代まで直線的な低下を示し，ヒノキのそれも2000年代以降に低下傾向が続いている。

国産材の安定供給にとって山元立木価格を上昇させることが効果的であり，素材生産や木材加工の効率を高める様々な取り組みが展開しているわけだが，その果実が山元に返るようにする工夫がまさに必要となっている。

3．持続可能な森林管理と木材利用への取り組み

日本では，第二次世界大戦後の高度経済成長と国内森林資源の制約により輸入材への依存を高め，2002年には国内木材需要量の82％を外国に依存することとなった。だが，国内人工林資源の充実や政策的な木材利用促進，合板に代表される国産材利用の技術開発により近年は木材自給率が高まりを見せている。他方，近年の1人当たり木材需要量は最多だった1973年の半分であり，化石燃料や枯渇性資源に代わって再生可能資源である木材を利用する観点ではさらなる取り組みが必要となっている。国産材の用途としては主に製材用に用いられるところに特徴があり，木造住宅の建築や公共建築物への木材利用を促すことに加えて，商業施設をはじめとする多様な部門への木材利用が木材自給率のさらなる上昇への鍵になると考えられる。そして，持続的な森林管理を行うには一定の伐期をもって人工林を経営することが不可欠であり，それにより後継者問題の改善や経営者意識の醸成に結び付くと期待される。この時に立木価格が再造林を行える水準になるのかが重要であり，総体としての木材価格の分析がさらに展開される必要もある。

日本では，木材需要は一定量を続けるに違いないから，海外の木材産出国での森林資源制約が強まるなかで，現在の森林管理状態では40〜50年先に需要に対応して木材生産が十分にできるのか心もとない状況といわざるを得ない。また，天然林は奥山の伐採し難い箇所に多く残されており，それらが主体となって統計上は高齢級の括りになっている。これらは，公益的な観点からしっかりと保全していくべき森林である。

森林資源は再生可能資源であるから，用材生産を目的に造成された言わば生

産林については，適切に管理・生産される状態を作りだす必要がある。そして，それらが法正林経営されるなら資源減少させずに活用することができる。法正林とは，伐期に至るまでの各齢級の林木が，全て同面積であり，各齢級においてふさわしく成長し，周囲に被害を出さずに伐出を一時に行え，安定した森林資源量のなかで毎年決まった量（法正成長量）の木材を産出できる森林である。たとえば，200ha の森林において 50 年で伐採するケースを考えてみると，毎年 4ha ずつ伐採と造林を繰り返して，50 年サイクルで回転させることになる。元来，生産に供される森林資源は，長期的視野のもとで法正林を指向するべきである。年々で多少の増減はあるとしても，森林資源量（ストック）と生産量（フロー）が安定し，再生可能な森林の状態を作り出すことが出来る。木材消費において各財の長期使用やリユースを進めるならば，長期的には需給のミスマッチも大きくはならないと考えられる。

参考文献

岸根卓郎（1979）『森林政策学』養賢堂

手束平三郎（2001）「現代林学考その四―森林・林業基本法の政策について―」，『林業経済』第 54 巻第 10 号，pp.21-27

日本林業技術協会編（1982）『新版林業百科事典』丸善

半田良一編著（1990）『林政学』（現代の林学 1）文永堂

林野庁監修（1987）「日本の森林資源」日本林業技術協会

林野庁編（2010）「森林・林業統計要覧 2010」日本森林林業振興会

矢部三雄（2002）「森林・林業基本法と新たな林政の展開」，『林業経済』第 54 号第 15 号，pp.4-10

注

1) 例えば，1885 年，1889 年，1896 年に水害が発生している。

2) 雑木林と言われる広葉樹中心の天然林を伐採した後に，成長が早くて通直性があり加工もしやすい針葉樹を造林することをいう。

3) 半田良一編著『林政学』（現代の林学 1）文永堂，1990 年，p.73

4) 半田良一編著『林政学』（現代の林学 1）文永堂，1990 年，p.127

5) 日本林業技術協会編（1982）前掲書，1053 頁の「林業基本法」において，倉沢博はこのことを述べるとともに，「森林資源基本計画および林産物需給に関する長期見通しを立てることを政府

に義務づけ，それに基づいて生産増進，構造改善策を行い，需給と価格の安定を要求している。さらに林業従事者の養成確保・林業労働施策など，森林法のなかには欠けている事項を規定している」と評している。

6) 岸根卓郎『森林政策学』養賢堂，1979年，pp.18-26

7) 手束平三郎「現代林学考その四—森林・林業基本法の政策について—」，『林業経済』第54巻第10号，2001年，pp.21-27

8) 矢部三雄「森林・林業基本法と新たな林政の展開」，『林業経済』第54号第15号，2002年，pp.4-10

第Ⅲ部　木材産業の構造と貿易

第7章　木材製品における産業構造と
　　　　貿易パフォーマンスに関する日中韓比較研究

馬　　駿

1．はじめに

　林業・木材産業は国民経済の中に占めているウエートとしては決して大きくないが，再生資源の持続的利用や環境保護という視点から考えると，きわめて重要な産業だと考えられる。しかし，これまで経済学のアプローチからこの分野に対する研究は決して多くない。

　1つの重要な事実として，日本，韓国と中国では，1960年代からすでに丸太の純輸入国となっている。特に，中国では，経済成長に伴い，この30年間にその輸入量は著しく増加してきた。現在，木材製品においてこの3カ国の生産量にしても輸出量にしても世界市場で大きなシェアを占めており，3カ国間での競争関係も見られるようになってきた。関（2010）では，日本は製材品と木質パネルの国際貿易において比較劣位の位置にあるものの，紙・板紙は国内市場を防御するほどの国際競争力を保持していることが指摘されている。また，立花（2009）では，中国では2000年代前半に合板と繊維板の輸出超過が生じており，合板製造業と繊維板製造業の発展にポプラをはじめとする国内人工林資源が貢献していること，韓国では削片板製造業や繊維板製造業に発展が見られ，それには国内人工林資源の成熟が寄与していることが明らかにされた。他方，原木の輸入を巡って，3カ国間の競争もますます激しくなっていることも推測できよう。

　本章では，以上の事実をふまえ，日本，韓国，中国の林業・木材産業のバ

リュー・チェーンにおいて，それぞれ 1960 年代から現在までの国内生産と輸出入パフォーマンスとの関係を分析し，その競争優位はどこにあるか，またどのように生まれたかについて比較しながら検討してみたい。

２．林業・木材産業におけるバリュー・チェーン

　林業・木材産業におけるバリュー・チェーンは比較的複雑であり，これまで必ずしも統一した確たる定義はなかった。本研究の分析に当たって，主にFAOSTAT のデータベースを利用するため，FAO の定義に基づき，おおむね表7-1 のように整理しておこう。

表7-1　林業・木材産業におけるバリュー・チェーン

第1段階	第2段階	第3段階	第4段階
森林から原木の生産	製材品，チップスや粉末等の初期中間財の生産	産業用木材，製紙用パルプ，木質パネル等の後期中間財の生産	建材，家具，紙・板紙等の最終財の生産

資料：FAOSTAT の定義に基づき，著者が整理したもの。

　表 7-1 には，木材製品（原材料，中間財，および最終財）を生産するバリュー・チェーンの各段階の製品が列挙されている。これをふまえて林業・木材産業に限って分類してみると，原木は原材料であり，製材品，チップスや粉末などは初期中間財，パルプや木質パネル等は後期中間財，建材，家具や紙・板紙等は最終財として考えても良い。本研究では，以上のバリュー・チェーンを対象に，日本，韓国，中国の３カ国の木材産業の構造と輸出入のパフォーマンスを分析する。だが，データの制限もあり，最終財としての建材と家具についての分析ができないことを述べておく。そのため，ここでは，（1）原木から製材品やチップス，粉末，そして木質パネル，（2）原木から製紙パルプ，そして紙・板紙までといった２つのバリュー・チェーンに注目し，それぞれの国内生産と貿易パフォーマンスとの関係について分析することにする。

３．データソース

　本研究では，FAOSTAT，UN Comtrade および世界銀行のデータベースから，

日中韓3カ国の林業・木材産業における原木から木材の中間財，そして最終財の生産量，貿易量および国内総生産（GDP）に関するデータを抽出し，1961年から2015年までの産業構造と貿易パフォーマンスとの関係に関する時系列分析を行ったうえ，3カ国の共通点と特徴を比較しながら，3カ国の経済成長において木材産業の産業構造と貿易構造がどのように変化してきたかを明らかにする。

　そのため，ここでデータソースについて簡単に説明しておこう。まず，3カ国の木材製品に関わる原材料，中間財および最終財の生産量に関するデータはFAOのFAOSTATデータベースから抽出・整理した。日本と中国のそれぞれの木材製品の輸出入額と輸出入量に関するデータもFAOSTATデータベースから抽出・整理したものである。しかし，FAOSTATにある韓国の木材製品の輸出入額と輸出入量に関するデータには異常値が多いため，韓国の木材製品のデータはUN Comtradeのデータベースから抽出し，整理したものである。また，各国のGDPに関するデータは世界銀行のデータベースから抽出し，整理した。なお，それぞれの木材製品の記述統計値は付表に示している。

4．木材製品の国際貿易

　この節では，上述したデータ・セットを用いてグラフを作成し，1961年から2015年まで，3カ国の木材製品の貿易パフォーマンスに関する変化の状況を確認する。

　図7-1-1〜3では3カ国において1961年から2015年までの原木と他の木材製品の純輸出（輸出－輸入）の対数値を示している。それぞれの図では，原木，製材，パルプ，木質パネル，および紙・板紙の純輸出額の対数値を示すものである。

　第1に，図7-1-1は日本の木材製品の推移を示している。これを見ると，日本では，原木，製材品，およびパルプの分野では，純輸出が1962年から2015年まで全て負の値となっている。言い換えれば，日本はこれらの木材製品について純輸入国であった。これに対して，木質パネルは1985年から純輸出国から純輸入国に変化し，またその傾向がますます強くなっている。また，紙・板

紙は 1980 年半ばごろまでには純輸出国であったが，その後，輸出が減少し，貿易バランスをとっている状況が続いている。

第2に，図 7-1-2 に示されている中国の木材製品の推移を見てみると，中国では，原木，およびパルプはすべての年において，純輸入国となっており，特

図 7-1〜3　日中韓3カ国の木材製品の純輸出の対数値の推移（1961〜2015年）

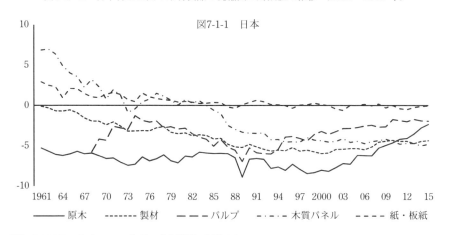

資料：FAOSTAT のデータベースに基づき，著者が整理，計算したもの。

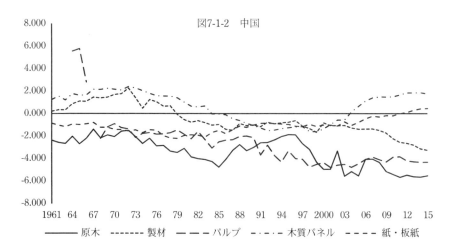

資料：FAOSTAT のデータベースに基づき，著者が整理，計算したもの。

に1997年以降,輸入量が著しく増加している。これに対して,製材は1980年までは純輸出国であったが,それ以降純輸入国に転換し,その傾向がますます強くなっている。他方,木質パネルは1984年に純輸出国から純輸入国になったが,2000年以降輸出量が増加し,再び純輸出国になり,しかもその傾向が徐々に強くなっている。また紙・板紙も2010年までは純輸入国だったが,それ以降純輸出国に転換してきた。

　第3に,韓国の木材製品の推移は図7-1-3に示している。それを見ると,まず韓国も50年間で原木とパルプの純輸入国であった。そして製材と木パネルも1980年代から純輸出国から純輸入国に転換した。しかし,紙・板紙はコンスタントに貿易バランスをとりながら,わずかであるが,1990年以降純輸出国に転換した。

　以上3カ国の状況をまとめると,以下の共通した特徴がある。3カ国とも,原木とパルプにおいては純輸入国であるが,紙・板紙は純輸出国か,貿易バランスをとっている状態を維持している。言い換えれば,木材産業において,原材料や中間財では競争優位を持っていないが,紙・板紙という最終財においては一定の競争優位を持っていると同時に,3カ国間での競争も起きているのではないかと考えられる。

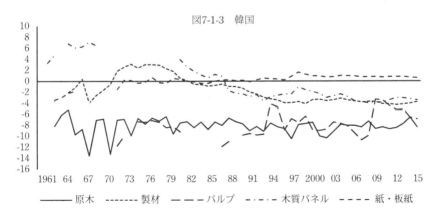

図7-1-3　韓国

資料：：UN Comtrade Databaseに基づき,著者が整理,計算したもの。

他方，3 カ国の間にもいくつかの相違点もある。まず，木質パネルについては，日本と韓国では，1980 年代に純輸出国から純輸入国に転換し，それ以降その傾向が強まっている。これに対して，中国は 2003 年ごろに純輸出国に転換し，またその傾向も強まっている。製材については，日本では 1960 年代，韓国では 1980 年代，中国では 1990 年代にそれぞれ純輸出国から純輸入国に転換した。また，紙・板紙については，日本は 1980 年代に純輸出国から，韓国は1970 年代に純輸入国から貿易バランスをとるようになってきた。これに対して，中国では，2010 年に純輸入国から純輸出に迅速に転換し，現在プラスのレベルを維持し続けている。以上述べたように，3 カ国の変化の経緯が異なっているが，他の製品と比べて，現在 3 カ国とも紙・板紙製品は相対的競争優位をもつものの，日本と韓国はそのレベルがかなり低い。

5．分析モデル

これまで，国際経済学のアプローチから一国の競争優位性について産業レベルでの分析は大いに注目されているが，林業・木材産業における分析はそれほど多くない。ここでは林業・木材産業に限定して本研究と関連する 2 つの研究を取り上げる。まず，Uusivuori & Tevo (2002) では，OECD18 カ国の木材資源に関わる経済活動が原木と木材製品の貿易に与える影響について分析し，木材製品の純輸出が減少または停滞している国にかぎって，Heckscher-Ohlin 理論を支持しているという結論を得た。また，Koebel 他 (2016) では，拡張したHeckscher-Ohlin-Vanek モデルを用いて，1995 年から 2007 年までヨーロッパ諸国の木材製品（Woodworking Products, Pulp and Paper and Wooden Furniture）の国際貿易に関わる決定要因について分析を行い，パルプと紙（Pulp and Paper），家具(Furniture)において Heckscher-Ohlin-Vanek 仮説を支持するが，建材などの木材製品（Woodworking Products）においては支持しないという結果を得た。本研究は，以上 2 つの研究を参照しながら，東アジア 3 カ国の森林資源である原木[1]の生産量と輸入依存度がそのバリュー・チェーンにおける各段階の木材製品の生産量と純輸出量に与える影響について分析を行い，これらの国の木材産業の国際競争力について検討してみたい。モデルは以下のように設定する。

$$ln(X_{i,t}/M_{i,t}) = \alpha_i + \eta_i ln(RW_t) + \gamma_i DI_{i,t} + \rho_i ln(P_t) + e_{i,t} \quad \cdots\cdots(1)$$

このモデルでは，$X_{i,t}$ と $M_{i,t}$ はそれぞれの木材製品（ここではパルプ[2]，木質パネル[3]，紙・板紙[4] を指す）i の t 年の輸出量と輸入量，RW_t と P_t はそれぞれ t 年の原木と木材製品の生産量を表している。また，$DI_{i,t}$ (=輸入量/(生産量＋輸入量))は t 年にそれぞれの木材製品 i を生産するための原木，中間製品（製材やパルプ）および製品 i（木質パネルや紙・板紙）の輸入依存度を表している。しかし，このモデルを用いて時系列分析を行う際に，製品の輸出入や原木の生産量との間に内生性の問題が生じる可能性があるため，本研究では，以上の推定式を用いて 1 階差をとる VARX-Model で木材の生産量（$P_{i,t}$）と純輸出指数（ln $(X_{i,t}/M_{i,t})$）を同時に推定し，日中韓 3 カ国の木材製品のバリュー・チェーンと純輸出量（国際競争優位性）について分析してみることにする。なお，推定において，これまでの研究を踏襲して，GDP の対数値を一国の消費（消費の弾力性）を示す代理変数として推定に入れる。具体的には以下の推定式になる。

$$ln(X_{i,t}/M_{i,t}) = \alpha_{1i} + \beta_{1i}ln(X_{i,t-1}/M_{i,t-1}) + \mu_{1i}ln(P_{i,t-1}) + \eta_{1i}ln(RW_t)$$
$$+ \sum \gamma_{1i}DI_{i,t} + \rho_{1i}ln(GDP_t) + e_{1i,t}$$
$$ln(P_{i,t}) = \alpha_{2i} + \beta_{2i}ln(X_{i,t-1}/M_{i,t-1}) + \mu_{2i}ln(P_{i,t-1}) + \eta_{2i}ln(RW_t)$$
$$+ \sum \gamma_{2i}DI_{i,t} + \rho_{2i}ln(GDP_t) + e_{2i,t}$$
$$\cdots\cdots(2)$$

6．推定結果

ここでは，推定モデル（2）に基づいて日中韓 3 カ国に対して行われた推定結果を整理してみる。

（1）日本

日本の木材製品に関する推定結果は表7-2-1から表7-2-4に示している。なお，各表の 2 列目は各木材製品の純輸出に与える影響，3 列目はその生産量に与え

120 第Ⅲ部 木材産業の構造と貿易

る影響を示している（以下同様）。

　まず，原木に関する推定結果（表 7-2-1）を見てみると，原木の輸入依存度は輸出に有意にマイナスな影響を与えており，また GDP は原木の生産量に有意にマイナスな影響を与えている。これは原木の輸出は輸入への依存が低下すると同時に，国内生産は国内市場での需要への依存も低下していることを意味している。実際に日本の国内の原木の生産が最近少し増えていることと輸出も増えていることをふまえて考えると，国内生産量の増加が海外市場への輸出によってもたらされたものだと考えられる。

　表7-2-2には木質パネルに関する推定結果を示している。その結果を見ると，輸出に対して，原木と木質パネルの輸入依存度は有意な結果が得られるが，原木はプラスとなっているのに対して，木質パネルはマイナスとなっている。ま

表 7-2-1　日本の原木に関する推定結果

	lnX_M_RW	lnP_RW
Lagged lnX_M_RW	$0.800^{***}(0.099)$	$0.025^{***}(0.007)$
Lagged lnP_RW	$-0.042(0.604)$	$0.887^{***}(0.043)$
lnGDP	$0.232(0.511)$	$-0.067^{*}(0.037)$
M_RW_DI	$-2.282^{**}(1.019)$	$0.081(0.073)$
cons.	$-6.267(24.863)$	$3.980^{**}(1.781)$
R^2	0.803	0.990
No. of obs.	54	
Log Likelihood	47.049	

注：1）表の（　）の中に示されているのは，推定値の標準偏差である。
　　2）*，**，***はそれぞれ推定値が10％，5％，1％の有意水準を満たしたことを示している。
　　3）以下同様。

表 7-2-2　日本の木質パネルに関する推定結果

	lnX_M_WBP	lnP_WBP
Lagged lnX_M_WBP	$0.078(0.100)$	$0.193(0.018)$
Lagged lnP_WBP	$-2.859^{***}(0.604)$	$0.880^{***}(0.111)$
lnGDP	$-1.487(0.923)$	$-0.085(0.169)$
M_RW_DI	$3.417^{***}(0.969)$	$0.320^{*}(0.178)$
M_SW_DI	$-0.883(3.990)$	$1.057(0.732)$
M_WBP_DI	$-10.093^{***}(1.573)$	$-0.408(0.288)$
cons.	$87.292^{***}(21.492)$	$4.102(3.940)$
R^2	0.9863	0.9666
No. of obs.	54	
Log Likelihood	48.275	

表 7-2-3　日本のパルプに関する推定結果

	ln(X/M)_PP	lnP_PP
Lagged lnX_M_PP	0.657*** (0.086)	-0.021*** (0.006)
Lagged lnP_PP	0.143 (1.412)	0.313*** (0.093)
lnGDP	0.851 (1.018)	0.373*** (0.067)
M_RW_DI	-0.333 (1.899)	0.722*** (0.125)
M_PP_DI	-11.654** (4.997)	-1.342*** (0.329)
cons.	-26.027 (19.366)	0.084 (1.124)
R^2	08067	0.8794
No. of obs.	47	
Log Likelihood	43.119	

た，国内生産に対して，原木の輸入依存度が有意でプラスの結果となっている。
このことは木質パネルの輸出は増加していて，しかも輸入した原木を国内で加
工していることを意味している。言い換えると，日本では原木を輸入して国内
で加工する木質パネルのバリュー・チェーンが存在している。

　また，パルプに対する推定結果（表 7-2-3）を見ると，輸出と国内生産に対し
て，パルプの輸入依存度が有意でマイナスとなっている。そして，国内生産に
対して GDP と原木が有意でプラスの影響を与えている。これは，パルプの国
内生産と海外への輸出がパルプそのものの輸入への依存が低下している一方，
国内需要増加によって輸入した原木を利用して国内で生産するようになってい
ることを意味している。言い換えれば，日本では，原木を輸入して国内でパル
プにし，国内需要を満たしながら，海外への輸出にも提供しているバリュー・
チェーンがある。

　さらに，紙・板紙に対する推定結果（表 7-2-4）を見てみよう。輸出に対して，
パルプと紙・板紙の輸入依存度が有意でマイナスとなっているが，国内生産に
対して GDP と原木は有意でプラスとなっている。以上の結果から次のことが
言えるだろう。日本では，国内需要と輸出の上昇によって紙・板紙の国内生産
が増加しているが，その国内生産は輸入した原木を原材料としてまず国内でパ
ルプを生産し，そして紙・板紙に生産するようなバリュー・チェーンを持って
いる。

122　第Ⅲ部　木材産業の構造と貿易

表 7-2-4　日本の紙・板紙に関する推定結果

	lnX_M_PPB	lnP_PPB
Lagged lnX_M_PPB	-0.106(0.104)	0.032*(0.018)
Lagged lnP_PPB	0.527(0.498)	0.409***(0.088)
lnGDP	-0.381(0.577)	0.565***(0.102)
M_RW_DI	-0.807(0.492)	0.254**(0.087)
M_PP_DI	-3.518***(1.330)	0.178(0.236)
M_PPB_DI	-25.726***(4.445)	-0.964(0.787)
cons.	4.491(9.449)	-6.475***(1.674)
R²	0.8854	0.9917
No. of obs.	52	
Log Likelihood	103.4778	

（2）中国

表 7-3-1 から表 7-3-4 には中国の木材産業についての推定結果を示している。まず原木に関する推定結果（表 7-3-1）を見てみると，輸出に対して原木の輸入依存度が有意でマイナスとなっている。そして，国内生産に対して GDP が有意でマイナスとなっているが，原木の輸入依存度が有意でプラスの結果となっている。これは，原木の輸出は輸入への依存が小さくなっているが，国内需要の拡大によって，国内生産が増えることを意味している。それと同時に，輸入された原木を再加工して，原木として他の木材の生産に満たしていると考えられる。

第 2 に，表 7-3-2 では木質パネルに関する推定結果を示している。それを見ると，輸出に対して，木質パネルの輸入依存度が有意でマイナスの結果となっている。他方，国内生産に対して，GDP は有意でプラスとなっているが，製材

表 7-3-1　中国の原木に関する推定結果

	lnX_M_RW	lnP_RW
Lagged lnX_M_RW	0.572***(0.126)	0.009**(0.004)
Lagged lnP_RW	-1.209(1.024)	0.990***(0.033)
lnGDP	-0.061(0.118)	-0.010***(0.004)
M_RW_DI	-11.567*(6.347)	0.532***(0.201)
cons.	24.402(19.686)	0.465(0.626)
R²	0.8118	0.9582
No. of obs.	54	
Log Likelihood	95.259	

第 7 章　木材製品における産業構造と貿易パフォーマンスに関する日中韓比較研究　123

表 7-3-2　中国の木質パネルに関する推定結果

	lnX_M_WBP	lnP_WBP
Lagged lnX_M_WBP	0.730***(0.065)	-0.046(0.040)
Lagged lnP_WBP	-0.026(0.171)	0.371***(0.105)
lnGDP	-0.067(0.255)	0.853***(0.157)
M_RW_DI	3.191(2.527)	0.059(1.550)
M_SW_DI	-0.076(0.500)	-0.700**(0.307)
M_WBP_DI	-2.351***(0.564)	-1.629***(0.346)
cons.	2.681(4.226)	-13.216***(2.715)
R^2	0.9786	0.9960
No. of obs.		54
Log Likelihood		51.441

と木質パネルの輸入依存度は有意でマイナスとなっている。原木に対する推定結果と合わせて考えると，木質パネルの生産は国内需要に対する弾力性が高く，また輸出や国内生産の増加は製材と木質パネルの輸入を減少させることを意味している。言い換えれば，中国では，木質パネルの輸出と国内需要に対して，輸入した原木から製材し，木質パネルを生産する場合と，原木から直接木質パネルを生産するバリュー・チェーンがある。

　第 3 に，製紙用パルプについての推定結果（表 7-3-3）をみると，輸出に対して原木の輸入依存度が有意でプラスとなっている。他方，国内生産に対して，GDP と原木の輸入依存度は有意でプラスとなっているが，製紙用パルプの輸入依存度は有意でマイナスとなっている。これは，中国では，製紙用パルプの輸出と国内需要が原木の輸入に大きく依存していて，かつ輸入した原木から製紙

表 7-3-3　中国の製紙用パルプに関する推定結果

	lnX_M_PP	lnP_PP
Lagged lnX_M_PP	0.733***(0.055)	0.008(0.009)
Lagged lnP_PP	0.020(0.551)	0.513***(0.094)
lnGDP	-0.437(0.576)	0.477***(0.098)
M_RW_DI	17.487**(7.415)	3.440***(1.266)
M_PP_DI	-2.808(2.491)	-3.200***(0.425)
cons.	10.671(7.332)	-4.981***(1.252)
R^2	0.9289	0.9864
No. of obs.		49
Log Likelihood		14.111

表 7-3-4　中国の紙・板紙に関する推定結果

	lnX_M_PPB	lnP_PPB
Lagged lnX_M_PPB	0.770***(0.070)	-0.040**(0.016)
Lagged lnP_PPB	0.303(0.241)	0.891***(0.056)
lnGDP	-0.143(0.266)	0.132**(0.062)
M_RW_DI	0.083(2.845)	1.411**(0.664)
M_PP_DI	-0.300(0.715)	-0.563***(0.167)
M_PPB_DI	-1.582*(0.928)	-0.190(0.217)
cons.	-1.064(3.457)	-1.735**(0.807)
R²	0.9307	0.9990
No. of obs.	52	
Log Likelihood	113.386	

用パルプまでのバリュー・チェーンをもっていることを意味している。

　第4に，紙・板紙についての推定結果（表7-3-4）を見てみると，輸出に対して，紙・板紙の輸入依存度は有意でマイナスとなっている。他方，国内生産に対して，GDPと原木は有意でプラスとなっているが，パルプの輸入依存度は有意でマイナスとなっている。この結果から次のことが考えられる。中国では，輸出と国内需要の増加によって紙製品の生産量が増えているが，これは，原木を輸入し，国内でパルプを生産し，さらに紙・板紙を生産するようなバリュー・チェーンによって実現されているのだろう。

（3）韓国

　表7-4-1から表7-4-4には，韓国の木材製品についての推定結果をまとめている。なお，原木以外の木材製品に対する推定では，サンプルサイズが非常に小さいため，その結果には留保がある。

　まず，原木に対する推定結果（表7-4-1）を見てみると，輸出に対してはすべての変数が有意ではない。生産に対してはGDPは有意でプラスとなっているが，原木の輸入依存度は有意でマイナスとなっている。この結果から，韓国では，国内需要の増加によって，原木の国内生産が増加し，輸入への依存度が減少するようになっていることが考えられる。

　第2に，木質パネルについての推定結果は表7-4-2に示している。まず，輸出に対して，GDP，原木と木質パネルは有意でマイナスとなっている。また，

第7章　木材製品における産業構造と貿易パフォーマンスに関する日中韓比較研究　125

表 7-4-1　韓国の原木に関する推定結果

	lnX_M_RW	lnP_RW
Lagged lnX_M_RW C	-0.065(0.139)	-0.001(0.006)
Lagged lnP_RW	-0.599(2.306)	0.444**(0.102)
lnGDP	0.020(0.238)	0.042**(0.011)
M_RW_DI	-1.156(2.225)	-0.485**(0.099)
ons.	0.489(33.516)	7.643**(1.488)
R^2	0.0119	0.738
No. of obs.	52	
Log Likelihood	-26.685	

表 7-4-2　韓国の木質パネルに関する推定結果

	lnX_M_WBP	lnP_WBP
Lagged lnX_M_WBP	0.300**(0.118)	0.072***(0.019)
Lagged lnP_WBP	1.138**(0.517)	0.754***(0.082)
lnGDP	-2.346***(0.679)	0.250**(0.1083)
M_RW_DI	-2.826**(1.025)	-0.137(0.163)
M_SW_DI	0.855(1.363)	-0.210(0.217)
M_WBP_DI	-3.069***(1.078)	0.664***(0.172)
cons.	48.029***(11.410)	-3.118*(1.815)
R^2	0.9746	0.9894
No. of obs.	38	
Log Likelihood	25.440	

　国内生産に対しては GDP と木質パネルの輸入依存度は有意でプラスとなっている。この結果から，韓国では，木質パネルの国内需要の増加によって，輸出が減少し，また国内生産が増えている一方，木質パネルを輸入してから，国内で再加工して国内需要に供給していることもあると考えられる。

　第3に，製紙用パルプについての推定結果は表 7-4-3 に示している。輸出に対する推定では有意の結果が得られなかったが，生産に対する推定では，GDPと原木の輸入依存度は有意でプラスの結果が得られた。また，パルプの輸入依存度が有意でマイナスとなっている。この結果から，韓国では，国内需要の増加によってパルプの生産が増えているが，それは輸入した原木を利用して国内で生産するようなバリュー・チェーンによって実現されていると考えられる。

　第4に，表 7-4-4 には紙・板紙に関する推定結果を示している。輸出に対しては，製紙用パルプの輸入依存度は有意でプラスとなっているが，紙・板紙の

表 7-4-3　韓国の製紙用パルプに関する推定結果

	lnX_M_PP	lnP_PP
Lagged lnX_M_PP	0.471***(0.141)	0.0003(0.009)
Lagged lnP_PP	-0.142(1.300)	0.467***(0.083)
lnGDP	0.269(1.200)	0.560***(0.076)
M_RW_DI	-4.893(3.952)	1.116***(0.252)
M_PP_DI	-1.110(9.882)	-4.842***(0.630)
cons.	-5.579(17.054)	-5.087***(1.887)
R^2	0.4128	0.9683
No. of obs.		33
Log Likelihood		-32.767

表 7-4-4　韓国の紙・板紙に関する推定結果

	lnX_M_PPB	lnP_PPB
Lagged lnX_M_PPB	0.351**(0.127)	-0.011(0.024)
Lagged lnP_PPB	1.186(0.374)	0.673***(0.069)
lnGDP	0.112(0.505)	0.380***(0.093)
M_RW_DI	0.786(0.656)	0.634***(0.121)
M_PP_DI	2.658*(1.457)	-0.293(0.269)
M_PPB_DI	-8.873**(3.789)	-0.600(0.700)
cons.	-7.563(7.943)	-5.224***(1.467)
R^2	0.8545	0.9979
No. of obs.		46
Log Likelihood		52.166

輸入依存度は有意でマイナスとなっている。他方，生産に対しては，GDPと原木の輸入依存度が有意でプラスとなっている。この結果から次のことが考えられる。国内需要が国内生産を引き上げているが，これは輸入した原木を国内でパルプに生産した後，紙・板紙を生産することによって実現されるようなバリュー・チェーンになっている。他方，紙・板紙の輸出は，輸入したパルプによって生産していることも考えられる。

7．ディスカッション

　以上3カ国の1961年から2015年までの木材製品の貿易パフォーマンスの変化を確認しながら，それぞれの製品の生産と貿易との関係について計量分析を行った。その結果から主に次の結論を得ることができるだろう。

　第1に，他の木材製品と比べて3カ国とも競争優位が比較的高い紙・板紙に

関する推定結果から次のことがいえる。まず，3カ国とも，原木から製紙用パルプ，そして紙・板紙までの垂直的バリュー・チェーンが存在しており，また紙製品の生産は国内需要に対する弾力性も非常に高い。さらに，中国と比べて，日本と韓国では，その生産は原木の輸入への依存が顕著に見られる。以上の結果から次のことがいえる。紙・板紙の輸出においては，この3カ国の間に競争関係が存在していると同時に，それぞれ国内では原木から紙・板紙を生産する垂直的バリュー・チェーンが存在している。その意味で，3カ国の間に垂直的国際分業ができておらず，原木の輸入をめぐる競争が起きている。

　第2に，木質パネルについては，他の木材製品と比べて，中国では比較的競争優位が高いが，日本と韓国では低い。これに対する推定結果から次のことが考えられる。3カ国とも，原木を輸入して国内で木質パネルを生産する垂直的バリュー・チェーンが存在しているが，中国と韓国では，生産量が国内需要に大きく影響されているが，日本では国内需要に対する弾力性がきわめて低い。これは中国と韓国に比べて，日本では，木材に対する代替財が広く使用されているからであると考えられる。いずれに，木質パネルの生産と輸出から見ても，原木の輸入に大きく依存していることから，3カ国の間に原木の輸入をめぐる競争が起きているといえるが，木質パネルの製品内では，中国と韓国の間に垂直的分業が存在している可能性もある。

　第3に，GDPは国内需要を反映する代理変数として推定に入れており，GDPの成長により木材製品の需要が高まると予測していたが，日本と中国の原木の生産には有意でマイナスの結果が得られた。これは，GDPの上昇に伴い，国内の森林保護政策が打ち出されたことにより，国内生産が減少したため，日本では代替製品の利用が増えてきたが，中国では他国からの輸入に依存するようになってきたからではないかと思われる。これに対して，かつて利用可能な森林資源が非常に少なかった韓国では，昔から輸入に依存してきたが，木材資源をめぐる国際的輸入競争が激しくなる一方，国内の人工林が利用可能になったことで，国内森林資源を利用し，原木を生産するようになったからではないかとも考えられる。また，この3カ国の間にGDPの成長に伴い，原木の輸入をめぐる競争が今後ますます激しくなることも予想される。

なお，本論文では，東アジアにおける3カ国の木材産業のバリュー・チェーンと輸出パフォーマンスとの関係について分析してきたが，数多くの課題がまだ残されている。

まず，本論文では木材製品に関するバリュー・チェーンにおけるいくつかの種類の財を対象に分析を行っているが，建築用木材や家具などのような重要な最終財に関する分析には至っていない。そして分析の中では輸出入について，各国の規制や政策，および為替レートの変動などの要素は考慮されていないこともこの研究において大きな欠点である。また，木材産業における要素生産性，労働コストなどの要因も考慮する必要がある。

今後，関連するデータをさらに整備したうえ，以上の課題を考慮しながら，さらに体系的に分析を進めていく必要があるだろう。

参考文献

閔　庚鐸（2010）「日本の木材産業における国際競争力の分析」『東京大学農学部演習林報告』122号, pp.27-39

立花　敏（2009）「中国と韓国における森林資源の転換と木材産業の展開との関係」『林業経済研究』Vol.55，No.1, pp.3-13

Balassa B (1979) "The changing pattern of comparative advantage in manufactured goods," *Review of Economics and Statistics*, 61, pp.159-166

Balassa B (1986) "Comparative advantage in manufactured goods: a reappraisal," *The Review of Economics and Statistics,* LXVIII (2), pp.315-319

Daowei Zhang and Yanshu Li(2009) "Forest endowment, logging restrictions, and China's wood products trade," China Economic Review 20, pp.46-53

Koebela, Bertrand M., Anne-Laure Levetb, Phu Nguyen-Vana, Indradev Purohoob, Ludovic Guinardb(2016) "Productivity, resource endowment and trade performance of the wood product sector," *Journal of Forest Economics,* 22, pp.24-35

Uusivuori, J and Mikko Tervo (2002) "Comparative advantage and forest endowment in forest products trade: evidence from panel data of OECD-countries," *Journal of Forest Economics,* 8, pp.53-75

注

1) FAOSTAT の定義によると，この分析に使用する「原木」(Roundwood)には，すべての産業用の

木材原料が含まれている。

2) パルプには，化学木材パルプ（Chemical Wood Pulp），機械木材パルプ（Mechanical Wood Pulp），ほかの木材繊維から生産されたパルプ(Pulp from Fibres other than Wood)，セミケミカル木材パルプ(Semi-chemical Wood Pulp)が含まれている。

3) 木質パネル(Wood-based Panels)には，繊維板(Fibreboad)，ハードボード(Hardboard)，中密度繊維板（MDF)，高密度繊維板（HDF)，削片板(Particle Board)，合板(Plywood)，および単板(Veneer Sheets)が含まれている。

4) 紙・板紙には，新聞紙(Newsprint)，その他の紙と板紙（Other Paper and Paperboard)，印刷紙と筆記用紙（Printing and Writing Papers）が含まれている。

130　第Ⅲ部　木材産業の構造と貿易

付表

記述統計値

（1）日本

Variable	Obs	Mean	Std. Dev.	Min	Max
lnGDP	56	28.80	0.57	27.38	29.37
lnP_RW	55	17.19	0.44	16.54	17.99
lnX_M_RW	55	-6.36	1.33	-8.87	-2.33
M_RW_DI	55	0.40	0.13	0.12	0.57
lnP_SW	55	16.98	0.51	16.04	17.62
lnX_M_SW	55	-3.86	1.65	-5.97	-0.10
M_SW_DI	55	0.22	0.14	0.02	0.43
lnP_PP	55	15.98	0.29	15.13	16.27
lnX_M_PP	49	-3.50	1.38	-6.95	-1.28
M_PP_DI	52	0.15	0.06	0.00	0.25
lnP_WBP	55	15.64	0.42	14.38	16.19
lnX_M_WBP	55	-1.34	3.46	-5.00	6.99
M_WBP_DI	55	0.26	0.23	0.00	0.56
lnP_PPB	55	16.78	0.50	15.50	17.27
lnX_M_PPB	55	0.51	0.81	-0.61	2.93
M_PPB_DI	55	0.04	0.02	0.00	0.09

（2）中国

Variable	Obs	Mean	Std. Dev.	Min	Max
lnGDP	55	27.41	1.40	25.20	29.82
lnP_RW	55	19.67	0.09	19.51	19.81
lnX_M_RW_V	55	-3.43	1.30	-5.66	-1.39
M_RW_DI	55	0.04	0.04	0.00	0.13
lnP_SW	55	16.83	0.51	15.71	18.12
lnX_M_SW_V	55	-0.54	1.33	-3.25	2.26
M_SW_DI	55	0.12	0.14	0.00	0.48
lnP_PP	55	15.92	0.81	14.67	17.02
lnX_M_PP_V	52	-2.51	2.30	-4.77	5.76
M_PP_DI	52	0.16	0.15	0.00	0.52
lnP_WBP	55	15.59	1.93	12.43	19.12
lnX_M_WBP_V	55	0.64	1.32	-1.62	2.40
M_WBP_DI	55	0.16	0.15	0.02	0.51
lnP_PPB	55	16.50	1.29	14.72	18.53
lnX_M_PPB_V	55	-1.06	0.63	-2.20	0.45
M_PPB_DI	55	0.13	0.06	0.04	0.25

（3） 韓国

Variable	Obs	Mean	Std. Dev.	Min	Max
lnGDP	56	26.24	1.23	24.04	27.87
lnP_RW	55	15.25	0.13	15.07	15.55
lnX_M_RW	53	-8.21	1.49	-13.58	-5.20
M_RW_DI	55	0.53	0.18	0.07	0.72
lnP_SW	55	14.72	0.62	12.88	15.60
lnX_M_SW	52	-1.87	2.85	-12.94	3.10
M_SW_DI	51	0.14	0.13	0.01	0.46
lnP_PP	55	12.30	1.05	9.84	13.35
lnX_M_PP	40	-8.08	2.26	-12.39	-3.34
M_PP_DI	55	0.74	0.14	0.00	0.86
lnP_WBP	55	14.25	1.00	10.73	15.18
lnX_M_WBP	43	-0.45	3.59	-3.99	7.12
M_WBP_DI	43	0.28	0.20	0.00	0.52
lnP_PPB	55	14.60	1.63	11.11	16.28
lnX_M_PPB	48	0.14	1.02	-3.45	1.61
M_PPB_DI	55	0.07	0.03	0.02	0.21

第8章　韓国木材産業の国際分業構造と競争力

金　奉　吉

1. はじめに

　近年，経済のグローバル化と自由貿易協定（Free Trade Agreement, FTA）のような地域経済圏の動きが同時並行的に進行しており，このような通商環境の変化が世界各国の貿易・分業構造にも大きな影響を与えている。特に，伝統的な貿易理論に基づく生産要素の賦存比率の違いによる産業間貿易よりも，同一産業に分類される財の双方向の貿易である産業内貿易が急速に進展している。

　このような通商環境の変化のなかで日中韓それぞれに農林水産分野での輸出促進に力を入れており，林産物の中で木材及び木材製品はその重点品目の1つである。原木などの原料の海外依存度が高い韓国は，2000年代に入ってから原木を外国から輸入して加工する外材依存加工中心から高付加価値製品の生産・輸出拡大へと木材産業構造の高度化に力を入れている。日本は本格的な利用可能な段階に入っている人工林資源の新たな需要先として輸出拡大に力を入れている。また，中国は急速な経済発展に伴い世界で大きな原木輸入国となり，合板など木材製品の生産・輸出が急速に伸びるなど木材産業の国際貿易市場でのプレゼンスが急速に高まっている。

　以上のような韓国の木材産業を取り巻く貿易・競争環境の変化を踏まえて，本章では韓国とその主な貿易相手国である日本と中国の木材産業の貿易に焦点を当て，まず韓国木材産業の貿易構造について考察する。次に，日中韓における木材産業の産業内貿易や分業構造の変化について論じ，最後に日中韓の木材産業の国際競争力について分析する。

2．韓国木材産業の需給構造

　韓国の林業（林産物，木材及び木材製品）の経済的比重を見ると，1970 年には GDP の 6.2％，輸出の 13.2％，輸入の 3.0％を占めていたのが，その後急速な工業化の進展に伴い GDP および輸出入に占める比重が急激に低下し，2015 年では GDP の 0.9％，輸出の 0.1％，輸入の 0.13％となっている。原木の供給量（2016 年）を見ると，国産原木が前年比 4.8％増の 515 万㎥であり，輸入原木が前年比 2.0％増の 385 万㎥である（表 8-1）。国産原木の生産量のうち，国有林の生産比率は 2012 年の 14.8％をピークに毎年減少し続け 2016 年にはわずか 9.3％（48 万㎥）を占めたにすぎず，私有林が 90.7％（467 万㎥）で前年より 6.0％増加した。

　木材の自給率（2016 年）は，前年比 0.1％ポイント増加し 16.2％となり近年徐々に上昇してはいるが，国内で消費される木材の 80％強は依然として輸入材に依存している。また，原木の自給率は国産材の生産増加に伴い 2016 年には前年比 0.7％ポイント上昇し 57.2％を記録した。木材の需要別自給率（2016 年）を見ると，製材用が 13.5％，パルプ用が 11.5％，ボード用が 41.0％，バイオマス用が 6.3％などである。国産材の生産量は毎年増加しているが，国産材の 60％以上がパルプ，ボード類，バイオマスなど低付加価値製品に使われており，高付加価値製品の場合には依然として輸入材依存度が高いのが実情である。特に，合板用の原料はほぼ 100％輸入に依存しており，国内合板生産企業の 5 社のうち 4 社が輸入原木で単板を生産してから合板を生産している[1]。製材用の輸入

表 8-1　韓国木材の需給現況

（単位：千㎥）

	木材総計 （A）	原木			木製品の 輸入	自給率（％） （B/A）
		国産材（B）	輸入材	合計		
2005	26,719	2,350	6,022	8,372	18,347	8.8
2007	27,347	2,680	6,333	9,013	18,334	9.8
2010	27,612	3,715	4,227	7,942	19,670	13.5
2012	27,819	4,506	3,686	8,192	19,627	16.2
2014	31,005	5,179	3,676	8,855	22,150	16.7
2015	30,597	4,914	3,777	8,691	21,906	16.1
2016	31,772	5,151	3,852	9,003	22,769	16.2

資料：森林庁「林業統計年報」各年度

依存度も非常に高く，製材品生産企業650社のうち国産原木で製材品を生産する企業は398社（61.2%）である[2]。

3．韓国木材産業の貿易構造
（1）韓国木材産業の貿易構造

韓国の木材輸出額を見ると，1980年の4.7億ドルから増加したが，1990年の6.1億ドルをピークに減少し始め，2000年代まで減少し続けた。しかし，2010年代に入ってからは1億ドル前後の増減を繰り返した後，2016年には前年比で2倍近く急増し1.8億ドルを記録した（図8-1）。国別輸出（2016年）を見ると，中国向けが35.7%，日本向けが20.6%であり，2カ国で総木材輸出額の約6割を占めている。その他は，ベトナム（7.3%），台湾（7.2%），インドネシア（6.5%）などの順である（表8-2）。特に，中国と日本は1990年代から韓国の第1，2位の輸出相手国になっている。製品別には，1990年代半までは合板が木材輸出額の約50%を占めるなど主要な輸出品であったが，2000年代に入ってからは合板の輸出が急減する一方で，繊維板，製材品などの輸出が増加している。2000年代初頭まで第1位の輸出品目であった合板の場合，最近は生産メーカーによ

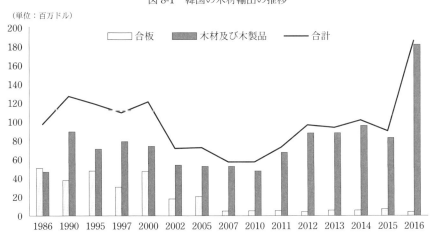

図8-1　韓国の木材輸出の推移

資料：森林庁『林業統計年報』各年度

る輸出ではなく，2次加工メーカーによる輸出が中心となっている[3]。

2016年の製品別輸出額を見ると，紙・板紙が48.5％で木材輸出の約半分を占めており，その次が繊維板（12.5％），製材品（12.4％），木製ケース（9.5％）などの順である（表8-3）。特に，製材品の場合，最近5年間の輸出が年平均32.9％の伸び率を記録するなど急増している。繊維板は2016年に前年比6.5％増加しているが，2011年から2015年までの間には年平均12.2％も減少している。2016

表8-2　韓国木材産業における輸出入上位5カ国

（単位：％）

	順位	1	2	3	4	5
輸出国	1996	中国 (46.0)	日本 (21.2)	オランダ (10.5)	米国 (2.6)	ドイツ (2.4)
	2005	日本 (30.4)	中国 (19.7)	フランス (17.7)	米国 (6.9)	アンゴラ (4.6)
	2016	中国 (35.7)	日本 (20.6)	ベトナム (7.3)	台湾 (7.2)	インドネシア (6.5)
輸入国	1996	インドネシア (21.6)	マレーシア (17.3)	米国 (13.6)	NZ (12.8)	チリ (9.1)
	2005	NZ (15.2)	中国 (14.7)	マレーシア (14.1)	インドネシア (12.4)	米国 (9.0)
	2016	中国 (12.6)	インドネシア (11.3)	カナダ (9.4)	米国 (9.3)	ベトナム (9.2)

資料：韓国森林庁，「林産物輸出入統計」，各年度
　注：（　）は木材産業の輸出入額に占める比率である。

表8-3　韓国木材産業における輸出入上位5品目

（単位：％）

	順位	1	2	3	4	5
輸出	1996	合板 (44.0)	繊維板 (26.3)	製材品 (9.2)	木材建具 (4.7)	木製ケース (4.7)
	2005	合板 (38.1)	繊維板 (25.5)	製材品 (11.2)	木製ケース (9.1)	木材建具 (7.6)
	2016	板紙類 (48.5)	繊維板 (12.5)	製材品 (12.4)	木製ケース (9.5)	木材建具 (4.0)
輸入	1996	原木 (37.7)	合板 (20.9)	製材品 (18.2)	成形木材 (5.6)	木材建具 (4.0)
	2005	原木 (36.3)	合板 (21.9)	製材品 (11.5)	繊維板 (5.2)	PB (5.1)
	2016	パルプ類 (26.2)	合板 (16.3)	製材品 (13.3)	原木 (12.5)	板紙類 (7.1)

資料：韓国森林庁，「林産物輸出入統計」，各年度
　注：（　）は木材産業の輸出入額に占める比率である。

年の第 1 位の輸出品目である紙・板紙の場合，最近 5 年間で年平均 2.5％の伸び率を記録しているが，国内生産量のうち輸出比率は 0.15％前後の非常に低い水準である。

また，製品別国別輸出額（2016 年）を見ると，紙・板紙は中国向けが 60.5％，台湾向けが 13.5％であり，繊維板は日本向けが 37.0％，ベトナム向けが 17.9％，製品品は日本向けが 82.8％，中国向けが 13.1％，木製ケースはアメリカ向けが 15.4％，メキシコ向けが 15.0％，イタリア向けが 12.7％，日本向けが 12.8％などである。

次に，木材輸入額は 1997 年の東アジア通貨危機，2008 年の世界金融危機の影響で一時的に減少したものの 1990 年代以降増加傾向が続いており，2016 年には前年比 49.1％増加し 46.6 億ドルを記録している。製品別輸入をみると，原木は 2000 年代半ばまで最大の輸入品目であったが，その後国産材の生産増加，国内景気の低迷などによって減少あるいは横ばい状態が続いている（図 8-2）。2016 年の輸入額は前年比 2.7％減少（重量では 2.0％増加）の 5.8 億ドルを記録し，木材輸入額に占める比率も 12.5％（第 4 位）まで減少した。原木の輸入はその

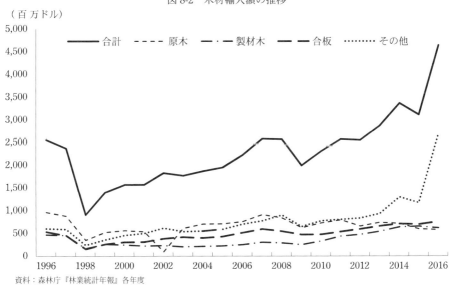

図 8-2　木材輸入額の推移

資料：森林庁『林業統計年報』各年度

大部分が NZ 産のマツ (54.5%) であり, その他, カナダ (19.6%), アメリカ (11.6%) の順である [4]。

　木材輸入のうち第2位の輸入品目である合板は, 輸入額では 2011 年から 2015 年までの 5 年間で年平均 6.7% の伸び率 (輸入量では年平均 1.7% 増) を記録したが, 2016 年には輸入額では前年比 8.7% 増の 7.6 億ドル, 輸入量では前年比 19.4% 増の 165 万 ㎥ を記録した。合板の主な輸入相手国としては, 中国からの輸入が 27.1% を占め, 以下インドネシア (26.5%), マレーシア (18.5%) などの順である。また, 木材輸入の第3位の輸入品目である製材木の場合, 2000 年代に入ってから輸入増加が続いており, 輸入額では 2011 年から 2015 年まで年平均 10.6% (輸入量では 9.5% 増) の伸び率を記録した。2016 年度の輸入量は前年比 1.7% 増の 220 万 ㎥ であり, 輸入額では前年比 5.6% 減の 6.2 億ドルを記録した。製材木の主な輸入相手国としては, チリ (16.4%) からの輸入が最も多く, その他, ロシア (13.8%), 中国 (12.7%) などの順である。

　パーティクルボード (PB) は輸入額では 2011 年から 2015 年まで年平均 11.7% (輸入量では同 13.7%) の伸び率を記録し, 輸入品目の中では輸入量・金額ともに最も高い増加率を記録している。ただし, 木材輸入額に占める比率は 4.3% に過ぎない。2016 年には, 輸入量は 128 万 ㎥ で前年比 2.6% 増加したが, 金額では前年比 1.9% 減の 2.0 億ドルだった。主な輸入相手国としては, タイからが木材輸入額の 68.5% を占めており, 次がルーマニア (10.1%), カナダ (7.1%), マレーシア (7.0%) である。繊維板は輸入額では同期間中年平均 0.1% (輸入量では同 0.7%) の伸び率だった。2016 年には輸入量, 金額ともに減少し, 輸入量が前年比 1.6% 減の 13 万 ㎥, 輸入額では同 10.9% 減の 5,656 万ドルで, 木材輸入額に占める比率も 1.1% に過ぎない。主な輸入相手国としては, 中国からの輸入が総輸入額の 66.4% を占めており, 以下タイ (12.5%), マレーシア (4.6%), NZ (3.7%) の順になっている。

　紙・板紙の輸入量については, 2011 年から 2015 年までの年平均増加率は 2.6% を記録しており, 2016 年には宅配産業の成長などに伴う内需の急増で前年比 41.6% 増加し 51 万トンに達した。紙・板紙の主な輸入相手国としては, アメリカが 55.1% であり, 日本 (17.1%), オランダ (6.0%), カナダ (3.5%) などである。

第 8 章　韓国木材産業の国際分業構造と競争力　139

表 8-4　韓国木材産業の貿易収支

(単位：千ドル)

2000 年	HS440	HS441	HS470	合計
対中国	-88,345	-30,187	-4,814	-123,346
対日本	5,218	14,424	-65,103	-45,461
対世界	-1,918,170	-1,103,823	-1,732,998	-4,754,991
2015 年	HS440	HS441	HS470	合計
対中国	-225,193	-425,252	38,376	-612,069
対日本	-16,254	9,189	-95,651	-102,717
対世界	-1,016,359	-430,737	-1,684,678	-3,131,774

資料：United Nations, "Comtrade database" より作成。
注：HS441 には HS4420, HS4421 を含む。

　一方，韓国木材産業の貿易収支を見ると（表 8-4），1960 年代以降の韓国経済
の高度経済成長に伴う木材需要の急増とそれに対応するための政府の原木の輸
入自由化政策（1978 年），木材製品における原料の高い海外依存度などもあって，
1980 年代後半から貿易収支の赤字規模が急増し始め，その後にも木材貿易収支
の赤字が続いている。特に，木材の貿易収支赤字のうち対中貿易収支の赤字比
率が 2000 年の 2.6％から 2015 年には 19.5％へと急増しており，対日貿易収支
の赤字比率は同期間中 1.0％から 3.3％まで小幅上昇している。

　以上のように韓国木材産業における貿易と関連した特徴として，木材製品の
輸入が品目ごとに特定国への依存度が高いこと，そして貿易収支の赤字が続い
ていることが挙げられる。

（2）日中韓における木材産業の分業構造

　ここでは日中韓における木材産業の域内分業構造について考察した後，主な
木材製品の域内貿易構造について詳しく見てみる。前述したように中国は韓国
の木材製品の輸出，輸入ともに第 1 位の貿易相手国であり，日本は第 2 位の輸
出相手国であり，原木や紙・板紙，パルプなどの輸入相手国の 1 つでもある。

　まず，日中韓における木材製品の産業内貿易の進展状況など域内分業構造に
ついて貿易重複度（Trade of Overlapping, TOL）指標を用いて考察する。産業内貿
易（intra-industry trade）は，同一産業内において双方向の貿易が行われること，

すなわち同一産業内において輸出と輸入が同時に行われることである。産業内貿易は概念的に次のいずれかに該当するものである[5]。すなわち，①類似の要素投入によって生産された財同士の貿易，②消費において代替性を有する財同士の貿易を同一産業内貿易であるとする。また，産業内貿易のタイプとして，主に先進国間で行われる最終財同士の貿易（水平型ないし製品差別化貿易）と生産工程間の分業に基づく貿易（垂直型または生産工程分業型）がある[6]。

　産業内貿易に関する研究の先駆者であるグルーベルとロイド（Grubel and Lloyd 1975）以来，主な産業内貿易として先進国間の製品差別型貿易が考えられたが，近年には先進国と途上国との間の産業内貿易も増加してきている。すなわち，工程間分業のような垂直型と同一製品の中で途上国が低付加価値製品を生産・輸出し，先進国が高付加価値製品を生産・輸出するといった水平型産業内貿易も急速に増加していている。また，産業内貿易は製造業に特徴的な貿易形態として捉えられがちであるが，農業などほかの産業でも必ずしも珍しいものではない。ここでは日中韓における木材産業の産業内貿易の程度に注目する。

　同一製品の双方向貿易（産業内貿易）の程度を測る指標として貿易重複度を用いる。貿易重複度（TOL）＝$\min(X_{kji}, M_{kji})/\max(X_{kji}, M_{kji})$と置く。ただし，$X_{kji}, M_{kji}$は$k$国の$j$国への品目$i$の輸出金額と輸入金額である。これは両国間における輸出入双方向の重複する割合を基準とした指標であり，TOL＞0.1 の場合に，相手国と輸出入が同時に発生し，産業内貿易が行われているとする。また，TOL≦0.1 の場合は，輸出あるいは輸入どちらか一方の貿易が支配的であると考え一方向貿易あるいは産業間貿易（inter-industry trade）と呼ぶ[7]。さらに，貿易重複度の相違は輸出入製品の間の競合度の程度を測る指標でもある。すなわち，重複度が高いほど競合する輸出入製品が多いことを意味する。

　韓国木材産業（HS コード 4 桁）の対日輸出入と産業内貿易の変化についてまとめたのが表8-5である。まず，1995 年の場合，産業内貿易が行われている 11 品目（内パルプ類 1 品目）のうち，輸入超過品目が 4 品目，輸出超過品目が 7 品目である。これらの製品のうち特に産業内貿易が進んでいる製品，すなわち，輸出入において競合する品目が多い製品が，木炭（HS4402，TOL＝0.88），木製ケース類（HS4415，TOL＝0.85），木製食卓用品類（HS4419，TOL＝0.95）などであ

第 8 章　韓国木材産業の国際分業構造と競争力　141

表 8-5　韓国の製品別対日貿易

1995 年	輸入＞輸出	輸入＜輸出
TOL＞0.1	4402，4403，4418，4419	4409，4410，4415，4416，4417，4421，4706
0＜TOL≦0.1	4401，4405，4408，4412，4413，4702，4703，4705，4707	4407，4411，4414，4420
2015 年	輸入＞輸出	輸入＜輸出
TOL＞0.1	4408，4412，4418，4419，4421，4705，4707	4405，4407，4414，4415，4417，4420
0＜TOL≦0.1	4401，4403，4404，4409，4413，4416，4701，4703，4706	4402，4410，4411

資料：United Nations, "Comtrade database"より作成。
注：1）HS コード 4 桁基準。
　　2）TOL≦0.1 の領域には輸入特化，輸出特化製品も含む。
　　3）パルプ類：4701〜4707

る。また，輸入特化製品が 5 品目，輸出特化製品が 4 品目になっている。2015
年になると，産業内貿易が行われている品目数が 13 品目（内パルプ類 2 品目）
であり，競合する製品も増えていることがわかる。そのうち輸入超過製品が 7
品目，輸出超過製品が 6 品目である。また，これらの製品のうち特に産業内貿
易が進んでいる品目，すなわち，輸出入において競合する品目が多い製品が，
製材品（HS4407, TOL=0.36），合板（HS4412, TOL=0.39），木製ケース類（HS4415,
TOL=0.53），木製建具（HS4418, TOL=0.70），木製食卓用品類（HS4419, TOL=0.99），
その他木製品（HS4421, TOL=0.86）である。そして，輸入特化製品が 6 品目，
輸出特化製品が 3 品目である。

　パルプ類の場合，1995 年には古紙パルプ（HS4706）以外は完全輸入特化であっ
た。2015 年になると，機械木材パルプ（HS4701），古紙パルプは完全輸入特化
製品であるが，化学木材パルプ（HS4703），機械的および化学的工程の組み合わ
せによる木材パルプ（HS4705），古紙（HS4707）などの品目は輸入超過であるが
産業内貿易が拡大しつつあることがわかる。

　以上のことから韓国木材産業の対日貿易においては産業内貿易が進んでい
る製品が多くなっていることが明らかである。

　また，韓国木材産業の対中輸出入と産業内貿易の変化についてまとめたのが
表 8-6 である。1995 年では，産業内貿易が行われている 10 品目（内パルプ類 2

142　第Ⅲ部　木材産業の構造と貿易

表8-6　韓国の製品別対中貿易

1995年	輸入＞輸出	輸入＜輸出
TOL＞0.1	4406，4409，4410，　4414，4415，4418，4703，4706	4411，4412
TOL≦0.1	4401，4402，4403，4404，4407，4408，4416，4417，4419，4420，4421，4705，	4701，4707

2015年	輸入＞輸出	輸入＜輸出
TOL＞0.1	なし	4703
TOL≦0.1	4401，4402，4403，4404，4405，4407，4408，4409，4410，4411，4412，4413，4414，4415，4416，4417，4418，4419，4420，4421，4701，4706	4705，4707

資料:United Nations, "Comtrade database"より作成。
注：1）HSコード4桁基準。
　　2）TOL≦0.1の領域には輸入特化，輸出特化製品も含む。
　　3）パルプ類：HS4701〜4707

品目）のうち，輸入超過品目が8品目，輸出超過品目が2品目である。すなわち，1995年の場合，産業内貿易といっても合板（HS4412），繊維板（HS4411）以外の製品はすべて貿易収支赤字である。また，木製枕木（HS4406，TOL=0.70），合板（TOL=0.29），繊維板（TOL=0.27）以外の品目は貿易重複度（産業内貿易度）が0.3以下であり，産業内貿易といってもほぼ輸入特化に近い状態であった。このような木材製品の対中輸入依存は2000年代に入ってからさらに深化し，2010年代になると一部パルプ製品以外のほぼすべての木材及び木材製品の輸入特化が続いている。

　パルプ製品の場合，1995年では機械木材パルプ（HS4701），古紙（HS4707）は完全輸出特化であり，機械的および化学的パルプ（HS4705）は完全輸入特化であったが，他の製品は産業内貿易が行われていた。しかし，2010年代に入ってからは，輸入特化が続いている機械木材パルプ以外は産業内貿易が進展しつつあり，特に，化学木材パルプ（HS4703）や古紙の対中輸出が増加し，パルプ類の対中貿易収支の黒字を牽引している。

　次に，主な木材製品別に韓国と日本と中国の3カ間の貿易構造について見てみる。まず，韓国の対日貿易を見ると，原木（ヒノキ）とパルプ類での貿易収支

赤字規模が特に大きく，対日木材貿易収支赤字の90％を超えている一方，製材品，繊維板，合板，PBなど木材製品では貿易収支の黒字が続いている。主な輸出製品としては製材品（49.9％），繊維板（22.4％），木製ケース（5.4％）などがあり，主な輸入品としては紙・板紙（53.2％），原木（19.2％），パルプ類（18.5％），合板（1.0％）などである。特に，2000年代に入ってから製材品と繊維板を中心に対日輸出が急増しており，この2品目が対日木材輸出の70％を超えている。しかし，製材品の中では針葉樹製材品を中心に日本からの輸入も増加している。また，合板は輸出入ともに減少が続いたが，2010年代に入ってから輸出が増加しつつあり，貿易収支も黒字を記録している。

　一方，対中貿易を見ると，前述したようにパルプ類以外の全品目で貿易収支の大幅な赤字が続いている。輸出の場合，1990年代までは合板と繊維板が対中輸出の主要製品であったが，2000年代に入ってからは中国の木材製品の生産・輸出の急増に伴い韓国の対中木材製品の輸出が急減する一方，輸入が急増している。特に，2010年代に入ってから合板と針葉樹材を中心とした製材品の輸入が急増している一方，繊維板と原木の輸入は減少している。合板の場合，2000年には対中木材輸出の76.2％を占めていたが，2016年には0.1％まで急減しており，繊維板も2000年には木材輸出の12.6％であったが，2016年には4.6％まで減少している。2016年の対中木材貿易赤字の5割以上が合板（40.0％）と製材品（14.5％）である。

4．韓国木材産業の国際競争力

　ここではまず，日中韓における木材産業の国際競争力について分析する。まず，輸出入の成果指標で測る顕示比較優位指数（Revealed Comparative Advantage, RCA）と貿易特化指数（Trade Specialization Index, TSI）を用いて韓国の木材産業の国際競争力について考察する。そして，主要製品の輸出入の差額と輸出入単価を組み合わせた指標を用いて主要木材製品の国際競争力について論じる。

（1）日中韓の木材産業の国際競争力

　まず，国際貿易論でよく使われている顕示比較優位指数と貿易特化指数を利

144　第Ⅲ部　木材産業の構造と貿易

用して日中韓 3 カ国の木材産業の国際競争力について考察する。

　RCA 指数は，産業別輸出成果の相対的な差からその産業の比較優位あるいは比較劣位を表すものである。しかし，RCA 指数は輸出，輸入のどちらか一方にしか注目することができず，それらを同時に扱うことはできない。一般的に多くの産業の場合，前述したように産業間貿易だけではなく産業内貿易も活発に行われており，競争力分析に当たっては輸出と輸入を同時に考慮する必要がある。そこで，ここでは輸出・輸入を同時に考慮する TSI も利用する。もちろん，TSI も輸入関税など各国の貿易政策や為替レートなどに強く影響されることには注意しなければならない。

　RCA と TSI は次のように求められる。RCA $= (X_{ki}/X_{kt})/(X_{wi}/X_{wt})$ と置く。ただし，X_{ki} は k 国の製品 i の輸出額，X_{kt} は k 国の t 期の総輸出額，X_{wi} は世界全体の製品 i 製品の輸出額，X_{wt} は t 期の世界全体の総輸出額である。また，TSI $= (X_i - M_i)/(X_i + M_i)$ と置く。ただし，X_i は製品 i の輸出額，M_i は製品 i の輸入額である。RCA 指数が 1 より大きければ製品（産業）i は比較優位を持つと解釈でき，TSI は 0 より大きければ製品 i が比較優位にあることを表す。ただし，両基準による評価が必ずしも一致するとは限らない。

　まず，日中韓 3 カ国における木材の国際競争力を見ると，日本と韓国は 1990 年代以降持続的に低下あるいは横ばい状態が続いており，中国は 1990 年代以降競争力が急速に高まっていることがわかる（表8-7）。TSI でみると，日中韓 3 カ国ともにマイナスを記録し競争力劣位が続いているが，韓国と日本はほぼ輸

表 8-7　日中韓の木材の国際競争力指数（対世界）

TSI	1995	2000	2005	2007	2010	2011	2012	2013	2014
韓国	-0.879	-0.838	-0.903	-0.924	-0.890	-0.889	-0.848	-0.873	-0.891
日本	-0.985	-0.983	-0.981	-0.983	-0.977	-0.979	-0.979	-0.979	-0.970
中国	-0.056	-0.275	0.079	0.151	-0.024	-0.106	-0.036	-0.133	-0.173
RCA	1995	2000	2005	2007	2010	2011	2012	2013	2014
韓国	0.10	0.07	0.03	0.03	0.04	0.04	0.06	0.05	0.04
日本	0.02	0.02	0.02	0.02	0.02	0.02	0.02	0.03	0.03
中国	0.70	0.76	0.86	0.94	0.93	0.96	0.98	0.88	0.89

資料：United Nations, "Comtrade database"より作成
　注：木材は HS コード 44 類である。

第8章　韓国木材産業の国際分業構造と競争力　145

表8-8　日中韓の品目別 TSI（対世界）

		1992	1995	2000	2002	2005	2010	2013	2015
韓国	HS440	-0.747	-0.764	-0.946	-0.846	-0.846	-0.902	-0.856	-0.969
	HS441	-0.999	-0.984	-0.666	-0.988	-0.991	-0.909	-0.926	-0.889
	HS470	-0.857	-0.953	0.998	-0.963	-0.957	-0.975	-0.976	-0.915
日本	HS440	-0.988	-0.969	-0.971	-0.974	-0.970	-0.970	-0.987	-0.985
	HS441	-0.923	-0.947	-0.879	-0.693	-0.422	-0.132	-0.980	-0.967
	HS470	-0.976	-0.991	-0.991	-0.989	-0.988	-0.983	-0.102	-0.152
中国	HS440	-0.061	0.291	-0.410	-0.394	-0.245	-0.578	-0.999	-0.776
	HS441	-0.351	-0.024	0.302	0.527	0.776	0.893	0.740	0.841
	HS470	-0.989	-0.933	-0.992	-0.989	-0.989	-0.980	-0.862	-0.988

資料：United Nations, "Comtrade database"より作成。
注：HS441 には HS4420，HS4421 を含む。

入特化状態が続いており，中国はゼロに近い値で3カ国の中では最も高い競争
力を持っている。RCA 指数でも日本と韓国はほぼ0に近い値である一方，中国
は1に近い値を記録しており，貿易特化指数と似たような動きを見せているこ
とが確認できる。韓国の場合，1990年代までには国際競争力指数が改善されて
いるが，2000年代に入ってからは低下しつつあり，わずかながら日本よりは高
い競争力を維持している。

　次に，製品別の TSI をまとめたのが表 8-8 である。韓国はほぼすべての製品
でマイナス（競争力劣位）を記録しており，特に原木は完全輸入特化状態である。
しかし，相対的に合板，繊維板，PB などの木質ボード類が比較的に競争力を
持っており，その中でも繊維板の競争力が最も高い。日本も韓国のようにパル
プ類以外はすべての製品でほぼ輸入特化状態が続いているが，パルプ類が比較
優位にある。

　一方，中国はパルプ類以外ほぼすべての製品で競争力が改善されており，特
に合板，繊維板などの木質ボード類は 2000 年代に入ってから競争力が急速に
高まっている。しかし，パルプ類ではほぼ輸入特化が続いており，これは中国
が急速な経済発展にともない高品質紙や紙・板紙などの需要が高まる一方で，
森林資源が乏しく，木材パルプの生産技術が低いのが原因であると思われる。

（2）韓国の主要木材製品の国際競争力

　ここでは主要木材製品である製材品，合板，繊維板，PB について韓国の対

146　第Ⅲ部　木材産業の構造と貿易

日・対中競争力について考察する（表8-9）。

　製材品（HS4407）の場合，対世界貿易と対中貿易では1990年代から価格競争力も弱くなり（$P_x>P_m$, $X<M$）[8] ほぼ輸入特化状態が続いている（TSI<-0.9）。中国からの輸入製材品の大部分が針葉樹製品である。しかし，対日貿易では逆に1990年代までには高い価格競争力を持ってほぼ輸出特化状態が続いた（$P_x<P_m$, $X>M$）が，2010年代に入ってから針葉樹製材品（HS440710）を中心に輸入も増えつつあり，依然として競争力は維持しているが産業内貿易が進んでいることがわかる（TOL>0.4）。

　合板（HS4412）は，対中貿易において1990年代までには価格・品質競争力があり，輸出超過が続いていた（$P_x>P_m$, $X>M$）が，競合する製品もあり産業内貿易も行われていた（TOL>0.3）。しかし，2000年代に入ってからは競争力が急速に低下し，ほぼ輸入特化が続いている（TSI<-0.9）。特に，中国は合板の主原料であるポプラやユーカリなどが国内産であり，それらを使って生産・輸出を急速に拡大させ，世界生産量の50%以上を生産している。韓国はこれらの原料をほぼすべて輸入に依存していることから対中競争には非常に厳しい状況に置かれていると言える。一方，対日貿易では 1990 年代までには競争優位で輸出

表 8-9　韓国の主要木材製品の TSI

		1995	2000	2005	2010	2015
対世界	HS4407	-0.93	-0.93	-0.93	-0.96	-0.95
	HS4410	-0.99	-0.91	-0.98	-0.97	-0.98
	HS4411	-0.67	-0.49	-0.69	-0.76	-0.44
	HS4412	-0.85	-0.73	-0.91	-0.98	-0.98
対中国	HS4407	-0.93	-0.91	-0.82	-0.92	-0.94
	HS4410	-0.62	0.09	-0.86	-0.98	-0.99
	HS4411	0.56	0.56	-0.93	-0.95	-0.98
	HS4412	0.58	-0.03	-0.89	-0.99	-0.99
対日本	HS4407	0.93	0.94	0.92	0.30	0.48
	HS4410	0.57	0.55	0.79	0.38	0.96
	HS4411	0.95	0.98	0.99	0.99	0.99
	HS4412	-0.97	-0.49	-0.02	-0.44	-0.43

資料：United Nations, "Comtrade database"より作成。
　注：HS4407：製材品，HS4410：パーティクルボード，HS4411：繊維板，HS4412：合板

超過であったが，2000年代に入ってからは輸出，輸入ともに増加するなど産業内貿易が進展しており（TOL＞0.4），2015年には輸出超過であった。

繊維板（HS4411）は，対中貿易では1990年代までには競争力が高く，輸出超過であった（P_x＞P_m, X＞M）が，ある程度は産業内貿易も行われていた（0.1＜TOL＜0.3）。しかし，2000年代に入ってからは急速に競争力が低下し，2015年ではほぼ輸入特化になっている。実際に中国は繊維板の世界生産量の6割近くを生産しており，輸出も急増している。繊維板の対日貿易では，1990年代から競争力優位でほぼ輸出特化が続いており（P_x＞P_m, X＞M），最近ではさらに輸出が増えつつある（TSI＞0.9）。

PB（HS4410）の場合，対中貿易では1990年代までには価格競争力が弱く，輸入超過であったが（P_x＜P_m, X＜M），配向性ストランドボード（HS441012）などを中心に輸出も増えつつあり，産業内貿易も進んでいた（TOL＞0.3）。しかし，2000年代に入ってからはさらに価格競争力が弱まり，ほぼ完全輸入特化になっている（TSI＜-0.9）。対日貿易においては，1990年代から価格競争力優位で輸出超過が続いており（P_x＜P_m, X＞M），現在でもほぼ輸出特化が続いている（TSI＞0.9）。

以上のように韓国の主要木材製品の場合，対中貿易においては急速に競争力が低下し，ほぼ輸入特化になっている一方で，対日貿易では合板以外には競争力を維持しており，合板を含む木材製品において産業内貿易が進んでいることが明らかになった。特に，主に家具やインテリア資材として使われているPBと繊維板の場合，廃家具や建設現場で発生する廃木材などが主な材料として利用されているので環境に優しい分野であり，また，繊維板，PBなどは木材を粉砕し，接着する工程における技術力の差によって付加価値が決まる。韓国としては今後日中韓FTA，RCEPなど貿易自由化に備えてこれらの分野を中心に木材製品の高付加価値化を進めていく必要があると言える。

5．結び

日中韓における木材及び木材製品の貿易構造や分業形態から見ると，3カ国はお互いに重要な貿易相手国であることが明らかになった。韓国にとって中国

は木材製品の輸出，輸入ともに第1位の貿易相手国であり，日本は第2位の輸出相手国で，原木や紙・板紙，パルプなどの主要製品の輸入国の1つでもある。特に，中国は急速な経済発展に伴い世界でも有数な原木輸入大国となり，合板などボード製造業において主要な生産国となっているなど中国の木材及び木材製品の生産と輸出入動向は，日中韓のみならず国際市場にも強い影響を引き起こしている。また，人工林資源の本格的な利用可能な段階に入っている日本も新たな需要先として輸出に力を入れており，最近の円安による価格競争力の高まりを背景に原木などを中心に中国や韓国などへの輸出を拡大させている。韓国の場合も，原木などの原料の海外依存度が高いなかでこれまでの外材依存加工型産業構造から繊維板など高付加価値製品の生産・輸出へと木材産業の構造転換（高度化）に力を入れている。

　日中韓における木材産業の国際競争力について見ると，中国が木材製品の生産と輸出を急速に増加させているなかで，より資本・技術集約的な分野とも言えるパルプ・紙類では日本と韓国が競争力を持っている。韓国は，木材の対中貿易においてパルプ類以外のほぼすべての製品において競争劣位にあり，輸入超過である。また，韓国と日本の2国間では，製材品，繊維板など主な木材製品においては韓国が競争力優位にあり輸出超過であるが，パルプ類では韓国が輸入超過である。また，両国における木材産業の貿易では多くの分野で産業内貿易が進んでいる。

　森林資源が乏しい中国と韓国，厳しい経営環境下にある日本と韓国としては，域内森林資源の保護・育成するための情報交換，共同開発などの相互協力体制の構築に努力すべきであろう。まず，「低炭素及び緑の成長」「再生可能な資源やエネルギーによる成長」の実現のため，3カ国間の原木資源の共同利用，木製品の品質及び性能の向上のための共同技術開発や開発成果の共有，また，製品の需給に関する迅速な情報交換体制の強化に努力することが求められる。すなわち，日中韓における木材産業の川上から川下にわたる現状と課題を適確に把握した上で，原木及び木材製品の生産，加工，流通，情報についてのサプライチェーン・マネージメントの構築が必要であると言える。

　特に韓国の木材産業の場合，木材製品においては原料の海外依存度が非常に

高く，注文生産による多品種少量生産や建設景気への依存度が高い。しかも，単純な工程においては機械化が進んでいるが，付加価値が高い加工部門では労働力への依存度が高いなど産業構造が脆弱であると言える。これまで製造業の対日・対中貿易や競争力と関連して議論されてきた日中による挟み撃ちの懸念が木材産業にも当てはまる可能性が高まっていると言える。しかし，木材製品の多くが加工段階での原価が競争力を左右すること，また，生産工程における技術力の差によって付加価値が決まることなどを考えると競争力改善の余地はあると思われる。

参考文献

한국산림진흥원 (2017) 『목재제품의 생산・수입・유통시장조사』(韓国森林振興院 (2017)『木材製品の生産・輸入・流通市場調査』)

한국산림청 (2016)『목재 이용실태 조사보고서』(韓国森林庁 (2016)『木材利用実態調査報告書』)

한국산림청 『산림통계연보』 각년도 (韓国森林庁『林業統計年報』各年度)

김세빈 (1989) 「한국산림의 발전과정」『임업경제연구』No.115. (金世彬 (1989)「韓国木材産業の発展過程」『林業経済研究』No.115)

石田修 (2011) 『グローバリゼーションと貿易構造』文眞堂

荒幡克己 (2000) 「国際食料市場における産業内貿易の進展とその理論的考察」『岐阜大学農学部研究報告』第 65 号，pp.59-95

金田憲和(2008)『食をめぐる産業内貿易の可能性：成長アジアを見据えて』NIRA モノグラフシリーズ　No.19

立花敏 (2009) 「中国と韓国における森林資源の転換と木材産業の展開との関係」林業経済学会『林業経済研究』Vol.55, No.1, pp.3-13

法專充男・伊藤順一・貝沼直之 (1991) 「日本の産業内貿易」経済企画庁『経済分析』第 125 号。

林野庁 (2017) 『森林・林業白書』平成 29 年版

Fontage, Lonel and Michael Freudenberg (1997), "Intra-Industry Trade: Methodological Issues Reconsidered", CEPII Working Paper, No 1997 – 01. Available at: http://www.cepii.fr/CEPII/en/publications/wp/abstract.asp?NoDoc=50

Greenaway, D., R. Hine and Milner (1995), "Vertical and Horizontal Intra-Industry Trade: A Cross Industry Analysis for the United Kingdom", *Economic Journal*, Vol.105

Grubel, H. G. and P. J. Lloyd (1975), *Intra-Industry Trade: The Theory and Measurement of International Trade in Differentiated Products*. New York: Wiley

Hirschberg, J. G., I. M. Sheldon and J. R. Dayton, (1994) "An Analysis of Bilateral Intra-Industry Trade in the Food Processing Sector," *Applied Economics*, vol.26, pp.159-167

注

1) 国内合板の主原料であるポプラやユーカリはほとんどがニュージーランド（NZ）からの輸入に依存している。

2) 韓国森林振興院（2017），pp.89-90

3) 韓国森林振興院（2017），p.92

4) 韓国の原木輸入の90％以上が針葉樹である。

5) 産業内貿易については Grubel, H. G. and P. J. Lloyd（1975），法専充男・伊藤順一・貝沼直之（1991）などを参照。

6) 産業内貿易のタイプの分類基準については Greenaway, D., R. Hine and Milner(1995)を参照。

7) Fontage, Lonel and Michael Freudenberg（1997）を参照。

8) この関係は生産費の差がそのまま輸出入単価に反映され，さらに貿易パターンに反映されることを示す。また，ここで Px，Pm は，輸出金額（X），輸入金額（M）を数量（重量）で割った輸出単価，輸入単価である。

第9章　長期的な森林保全における
古紙リサイクルの影響：東アジアを例に

山 本　雅 資

1．はじめに

　世界の主要国は 2015 年 12 月に気候変動枠組条約第 21 回締約国会議(COP21)
においてパリ協定に合意し，2016 年 11 月には発効され法的拘束力を持つよう
になった。このパリ協定では，(1) 産業革命前からの地球の気温上昇を 2 度よ
りも十分低く保つこと，(2) この目標のために今世紀の後半には温室効果ガス
の排出量をほぼゼロとすること，を目指して努力していくことで世界約 190 カ
国が同意した。パリ協定は従前の京都議定書と比べると中国やインドといった
途上国が批准しているという点で大きく異なっている。また，パリ協定に先立っ
て国連において 2015 年 9 月に定められた「持続可能な開発目標 (SDGs)」もそ
れまでのミレニアム目標と異なり，途上国だけでなく先進国を含む全ての国に
適用される国際社会共通の目標となった。

　持続可能な資源の利用はもはや全世界での共通理解であり，今後ますますそ
の重要性は増していくものと考えられる。森林資源についても同様であり，
SDGs には 15 番目のターゲットとして，適切な森林管理が設定されている。ま
た，パリ協定においても，REDD＋ (Reduction of Emission from Deforestation and
Forest Degradation)，すなわち，途上国における森林保全のインセンティブを与
える政策を推進することが掲げられており，適正な森林管理は今後も重要な政
策課題となる。森林資源の適切な管理を進める上で重要なことの 1 つに森林か
らの生産物を持続可能な形で生産していくことが挙げられる。森林管理協議会
による FSC に代表されるような森林認証 (エコラベルの一種) は環境配慮型商品

の流通に役立つ。

　また，紙のような森林由来の生産物についてもリサイクルを推進することが森林保全にとって重要であるとされてきた。紙をリサイクルすることは比較的容易であることから古くから取り組まれており，直近の我が国の紙のリサイクル率は70％を超えており持続可能な資源利用の優等生である。

　ところが，紙のリサイクルは必ずしも森林保全に有効であるとは限らないということがDarby（1976）によって指摘された。本章ではこの直感に反する議論がどのようなロジックに基づいているかをTatoutchoup and Gaudet（2011）のモデルに基づいて解説し，日本，中国，韓国における紙のリサイクル率が森林保全の観点から適正であるかどうかを簡単なシミュレーションによって検証する。

2．リサイクルを含むファウストマン周期

　本節では初めにTatoutchoup and Gaudet（2011）のモデルを概説し，古紙リサイクルが森林所有者の意思決定にどのように影響を与えるかをみていく。

（1）基本的な仮定

　ある土地Aが森林か農業のどちらかに利用されているとしよう。ここで農業は，機会費用が比較的小さいものの例として利用しているに過ぎず，他の用途であっても差し支えない。森林資源はいわゆるファウストマン周期で管理されているものとし，その周期の数を$i(\geq 1)$で表す。また，各周期iの長さを$t_i-t_{i-1} \equiv T_i$とする。このとき，土地所有者の土地利用に関する意思決定は以下を満たす。

$$f_{i-1} + a_{i-1} = A, \quad \text{for } i = 1, 2, \cdots, \infty \tag{9.1}$$

ただし，f_iは森林面積，a_iは農地面積をそれぞれ意味している。

　次に，$X(T_i)$をT_i期間における単位面積当たりの木材の容積とする。このモデルでは，簡単化のため土地所有者は木材生産以外の利益を森林からは得ていないものとし，木材は全て紙として利用されているものと仮定する。一度紙として使用されたもののうち，δ％だけリサイクルされるものとするが，リサイク

ルされた紙はバージンパルプから作られたものと同一の品質であるものとする。第t_i期に利用できる紙の総量$S(t_i)$は

$$S(t_i) = f_{i-1}X(T_i) + \delta S(t_{i-1}), \quad i = 1, 2, \cdots, \infty \tag{9.2}$$

と表すことができる。

　リサイクル紙と新品は完全な代替品であるので，その価格も同一である。よって，紙製品の逆需要関数を以下のように定義できる。

$$p_{t_i} = P(S_{t_i}) \tag{9.3}$$

ここで，$P(S_{t_i}) > 0$，$P'(S_{t_i}) < 0$ および $\lim_{S_{t_i} \to \infty} P(S_{t_i}) = 0$ を仮定する。

　この土地所有者は森林として利用する土地を商業林として，植林と伐採を繰り返すことになる。単位面積当たりの植林のコストを $k(\geq 0)$，単位当たり伐採のコストを $c(\geq 0)$ とする。また，土地所有者が森林として利用することが合理的であるために，$P(0) > c$ を仮定する。このとき，土地所有者の森林から得られる純利潤の現在価値は以下のようになる。

$$\Pi_f = [P(S_{t_i}) - c]f_{i-1}X(T_i)e^{-rT_i} - kf_{i-1} \tag{9.4}$$

ただし，r は割引率である。残された土地，$a_{i-1}(=A-f_{i-1})$ は農地として利用される。農地から得られる利益は $g(a_{i-1})$ で表されるものとする。ただし，$g' > 0$ および $g'' < 0$ を仮定する。期間 T_i の農地から得られる割引現在価値は

$$\Pi_a = \int_{t_{i-1}}^{t_i} g(a_{i-1})e^{-r(\tau - t_{i-1})}d\tau = \frac{g(a_{i-1})}{r}(1 - e^{-rT_i}) \tag{9.5}$$

となる。以下では，土地所有者の総利潤は（9.4）式と（9.5）式の和として議論を進める。

（2）均衡

　合理的な土地所有者は自身の土地から得られる割引現在価値の総和を最大にしたいと考える。ここでは（9.4）式と（9.5）式の和であり，これをVと呼ぶこ

とにする。このとき，この土地所有者の問題は以下のようになる。

$$\max \ V = \sum_{i=1}^{\infty}(\Pi_f + \Pi_a)e^{-r(t_{i-1}-t_0)}, \quad \text{s.t.} \ f_{i-1} + a_{i-1} = A \tag{9.6}$$

(9.6) 式の制約式を目的関数に代入することで以下を得る。

$$[P(S_1) - c]f_0 X(T_1)e^{-rT_1} - kf_0 + \frac{g(A-f_0)}{r}\left(1 - e^{-rT_1}\right)$$
$$+ \sum_{i=2}^{\infty}\left[[P(S_{t_i}) - c]f_{i-1}X(T_i)e^{-rT_i} - kf_{i-1} + \frac{g(A-f_{i-1})}{r}(1 - e^{-rT_i})\right]e^{-r\sum_{j=1}^{i-1}T_j}$$

$$\tag{9.7}$$

(9.7) 式の上段は第1期に森林と農地から得られる利益であり，下段はそれ以降の全ての利益の和となっている。我々の目的は，この土地所有者の利益を最大化するためには，(1) どの程度の土地を森林に割り当てるべきかどうか，(2) 商業林の伐採周期の長さをどの程度にするべきか，という問題を解くことである。これは最適な

$$\{f_{i-1}, T_i\} \quad \forall \ i = 1 \ \text{to} \ \infty \tag{9.8}$$

を見つけることと同値である。しかしながら，モデルをできるだけシンプルにするために，以下では定常状態だけを考えることにする。すなわち，$T_i = T_{i-1} = T$，$f_i = f_{i-1} = f$ そして $S(t_i) = S(t_{i-1}) = S$ という状況を想定する。このとき，全ての周期iについて，(9.7) 式は以下のように表すことができる。

$$V(S(t_i)) = \frac{[P(S) - c]fX(T)e^{-rT} - kf}{1 - e^{-rT}} + \frac{g(A-f)}{r} \tag{9.9}$$

内点解を仮定すると，1階の条件は以下のようになる。

$$\frac{\partial V}{\partial f} \equiv V_f = [P(S) - c]X(T)e^{-rT} - k - g'(A-f) \cdot \frac{1 - e^{-rT}}{r} = 0 \tag{9.10}$$

および

$$\frac{\partial V}{\partial T} \equiv V_T = [P(S) - c]X'(T) - r\frac{[P(S) - c]X(T) - k}{1 - e^{-rT}} = 0 \qquad (9.11)$$

最初の1階の条件は，森林面積のわずかな増加による利益の増加は，農地のわずかな増加による利益の増加と等しくなっていなければならないということを意味している。これは通常の限界条件であり，直感的なものである。2つ目の1階の条件は，待つことの機会費用に関するものである。すなわち，伐採を待つことの限界便益が伐採を待つことの限界費用に等しくなければならないというものである。利潤を最大化する森林面積と伐採周期はこれらの条件を満たす必要がある。

ここで，定常状態だけを考えていることに注意すると，（9.2）式で定義されたSを以下のように書き換えることができる。

$$S = \frac{fX(T)}{(1 - \delta)} \qquad (9.12)$$

（9.12）式を代入した上で（9.10）式と（9.11）式を，T および f について全微分すると，以下の結果を得る。

$$\frac{df}{d\delta} = -\frac{1}{H}\left[\frac{fX(T)}{(1 - \delta)^2}V_{fS}V_{TT}\right] < 0 \qquad (9.13)$$

および

$$\frac{dT}{d\delta} = -\frac{1}{H}\left[\frac{fX(T)}{(1 - \delta)^2}V_{ff}V_{TS}\right] \geq 0 \qquad (9.14)$$

ただし，V_{fj} は V_f を j で微分したものである。また，

$$H = V_{ff}V_{TT} + \frac{1}{1 - \delta}\left[V_{TT}V_{fS}X(T) + V_{ff}V_{TS}fX'(T)\right] > 0 \qquad (9.15)$$

である。（9.13）式より，リサイクル率が増加するとき，一定の面積 A の中に

占める森林面積が減少することがわかる。これはリサイクルの増加によってリサイクル品の完全代替であるバージンパルプの需要が減少するためである。バージンパルプの減少は，立木価格を低下させ，その結果として森林としての土地利用から得られる利益が減少するため，土地所有者には森林面積を減らすインセンティブが働くのである。結果としてリサイクル率が徐々に上がるにつれ，森林が減少し土地所有者は相対的に農業からの利益が増加していくのである。

　一方，最適周期への影響はどうであろうか。これは（9.14）式から明らかなようにリサイクル率が大きくなるに従って増加していく。これは土地所有者が立木価格の低下を個々の木をより大きくして相殺しようとする（あるいは伐採を遅らせて植林コストの発生を遅らせる）ためである。

　興味深い問いは，市場へのバージンパルプの供給，すなわち，$W = fX(T)$ がどの程度となるかという問題である。リサイクル率で微分すると，

$$
\begin{aligned}
\frac{dW}{d\delta} &= f X'(T)\frac{dT}{d\delta} + X(T)\frac{df}{d\delta} \\
&= -\frac{1}{H}\frac{f X(T)}{(1-\delta)^2}[V_{TS}V_{fS}X(T) + V_{ff}V_{TS}fX'(T)] \lesseqgtr 0
\end{aligned}
\tag{9.16}
$$

となり，理論的には明確な解は得られない。次節ではこの問題に実証的な側面から検討を加えていく。

3．数値シミュレーション
（1）パラメータの推定
　はじめに逆需要関数と農業による利潤関数の推定を行う。逆需要関数は最も単純な以下のような線形関数を想定する。

$$
P(S) = a - bS + \epsilon
\tag{9.17}
$$

ここで，Sは（9.2）で定義された利用可能なパルプの総量である。FAOSTAT によるデータを用いて，1984 年から 2014 年までの国内生産量と輸入量を合計し

て，Sの値を作成した。ただし，規模効果を取り除くため，実証分析では GDP 当たりのSを利用している。

また，FAOSTAT では価格データは利用可能ではないが，総額を数量（トン）で割ることによって，平均価格を導出した。日本，中国，韓国についての推定結果は表 9–1 の通りである。

各国の Intercept の推定値が（9.17）式の $\hat{a}$ に，log (S/GDP) の推定値が $\hat{b}$ に対応している。理論分析で想定したように，$\hat{b}$ は 3 国とも係数が負で有意となっている（ただし，日本と中国は 10%で有意）。

次に農業による利潤関数 $g(a)$ の推定を行う。ここでは以下のようなモデルを想定する。

$$g(a) = \alpha a^{\beta} + \epsilon \tag{9.18}$$

使用したデータは日本については農林水産省提供のデータ[1]，中国については，中国統計年鑑のデータを，韓国については KOSIS[2] が提供のデータをそれぞれ利用した。いずれのデータも地方自治体レベルのクロスセクションデータである。表 9–2 は 3 国の推定結果をまとめたものである。

表 9–1　逆需要関数の推定結果

| | 被説明変数：価格 | | |
| | 日本 | 中国 | 韓国 |
	(1)	(2)	(3)
log(S/GDP)	−0.956*	−0.193*	−0.578***
	(0.540)	(0.095)	(0.096)
Intercept	5.764*	2.362**	5.162***
	(2.820)	(0.855)	(0.734)
N	30	30	30
R²	0.101	0.129	0.566
Adjusted R²	0.069	0.098	0.550
Residual Std. Error (df = 28)	0.141	0.112	0.100
F Statistic (df = 1; 28)	3.133*	4.154*	36.512***

注：***：1%，**：5%，*：10% 有意

158　第Ⅲ部　木材産業の構造と貿易

表 9-2　農業の利潤関数の推定結果

	被説明変数：log(profit)		
	日本	中国	韓国
	(1)	(2)	(3)
log(Land)	0.821***	0.895***	0.6411***
	(0.062)	(0.083)	(0.149)
Intercept	2.692***	1.284**	9.933***
	(0.263)	(0.603)	(1.479)
N	47	31	28
R^2	0.793	0.802	0.415
Adjusted R^2	0.789	0.795	0.392
Residual Std. Error	0.350	0.497	0.152
F Statistic	172.8***	117.5***	18.4***

注：***：1％，**：5％，*：10％ 有意

　これを見ると土地に関する推定値がいずれも正で有意になっていることがわ
かる。また，農地面積の増加は農業利益の増加をもたらすが次第にその増加率
は低減していくという想定を反映するため，理論モデルでは制約として凹関数
を想定していた。表 9-2 はいずれの国の結果もこの仮定を満たしている。

（2）シミュレーション結果

　上述の実証分析で推定した係数を用いて，シミュレーションを行う。具体的
には，(9.10) 式において，等号で成立するようになるまでリサイクル率を変化
させていく。(9.10) 式は 1 階の条件なので利潤最大化行動の帰結としてのリサ
イクル率は (9.10) 式を等号で成立させる必要がある。

　そのためにはこれまでまだ具体的な数値を設定していない c, k および r につ
いての情報が必要である。理論分析での制約から $P(S)<c$ である必要があるが
ここでは，Tatoutchoup (2016) に従い，$c=0.4$，$k=0.01$ とした。割引率につい
ては多くの議論があり，各国に一律の値を使用することにも議論の余地が残る
が，比較の単純化のために $r=0.05$ を採用した。また，本シミュレーションで

は定常状態だけを考えているので，$X(T)$ は以下のように特定化する[3)]。

$$X(T) = 5680.7 - 26660 \times T^{-0.5} \tag{9.19}$$

図9-1はシミュレーション結果をまとめたものである．図より明らかなように日本の最適リサイクル率が最も低く，約62％である．次に中国が73％，韓国が約89％と続いている．表9-3に整理した実際のリサイクル率は，回収率ではなく，回収したものから実際に利用できた量が製品に占める割合を示す利用率であり，90％近い数値にすることは実際には不可能である．また，本分析では感度分析を行っていないため，k や c といった係数の変化に対してどの程度敏感に最適リサイクル率が変化するかは不明である．

その上で今回の分析からの結論を示すのであれば，日本は概ね利潤を最大化する古紙リサイクル率を達成しているといえるが，中国についてはまだまだ古紙リサイクル率を高めていくことが関連産業の利潤増加につながる可能性が高いことが指摘できる．

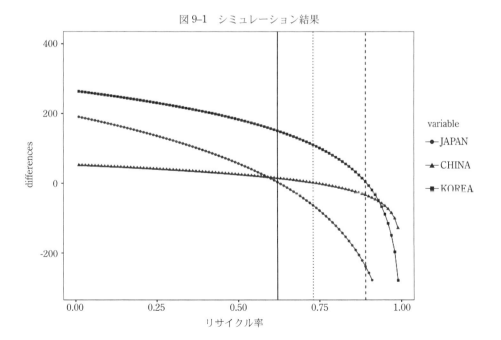

図9-1 シミュレーション結果

160   第Ⅲ部　木材産業の構造と貿易

表 9-3　シミュレーション結果と実データの比較

(単位：%)

	最適リサイクル率	実際のリサイクル率
日本	62	65
中国	73	46
韓国	89	77

注：実際のリサイクル率の数値は，古紙再生促進センター（2015）『古紙ハンドブック』
による。

4．おわりに

　本章では，通常森林保全に有効であると考えられている古紙リサイクルが森
林減少につながる場合があることを Tatoutchoup and Gaudet（2011）のモデルに
従って概説した。

　このような視点はこれまであまり議論されてこなかったもので，本章の一番
の目的はそうした研究系譜の紹介にある。さらに，紹介したモデルを用いて，
日本，中国，韓国の森林資源とリサイクル率の関係をシミュレーションによっ
て分析した。その結果，日本については概ね最適なリサイクル率に近い状況に
あるものの，中国については企業の利潤最大化の観点からみても，古紙リサイ
クル率を大幅に増加させる余地があることが明らかになった。

参考文献

Darby, M. (1976) "Paper Recycling and the Stock of Trees, "*Journal of Political Economy*, vol. 81,
pp.1253-1255

Payendeh, B. (1973) "Plonski's yield tables formulated, Ottawa, "Department of Environment, Canadian
Forest Services, Publication No. 1318

Salant, S. and X. Yu (2016) "Forest loss, monetary compensation, and delayed replanting:The effects of
unpredictable land tenure in China, "*Journal of Environmental Economics and Management*, vol. 78,
pp.49-66

Tatoutchoup, D. (2016) "Optimal rate of paper recycling, "*Forest Policy and Economics*, vol. 73,
pp.264-269

Tatoutchoup, D. and Gaudet, G. (2011) "The impact of recycling on the long-run forestry, "*Canadian
Journal of Economics*, vol. 44, pp.804-813

注

1) http://www.maff.go.jp/j/tokei/kouhyou/sakumotu/menseki/
2) http://kosis.kr/eng/
3) このモデルは Payandech（1973）に基づいている。

第Ⅳ部　森林・木材資源・貿易に関する新しい分析アプローチ

第 10 章　リモートセンシングと経済分析：
森林研究への活用を例に

山本　雅資・杉浦　幸之助

1．はじめに

　経済活動は社会生活の一部であるため意思を持った主体がその対象であり，他の自然科学分野に比べると実験が困難である。さらに，データ取得についても制限されることがしばしばである。また，個々の生産活動や消費活動だけでなく，時間的あるいは空間的な広がりを持った活動を俯瞰して考えることが重要であることも多い。3 次元の社会を 2 次元の紙の上に大胆に捨象して落とし込んだ地図が，俯瞰した情報を提供し，目的地に到着するために重要であるように，経済分析においても実験という方法を用いることなく，広範な情報を得ることができる「地図」のような情報は大変有用である。

　Monmonier（2002）によれば，航空写真は 1930 年代には農作物の生産性の経済分析に利用されていた。本格的な利用が進んだのは高解像度の衛星写真の商業利用が解禁となってからしばらくの時を経てからであるが，Donaldson and Storeygard（2016）は衛星写真を利用したリモートセンシングはそのような経済学の直面している課題を解決する大きな助けになると指摘している。

　本章では，社会科学の研究者にはあまりなじみのないこのリモートセンシングと呼ばれている衛星等から得られる画像を利用した分析の方法論を初心者向けに解説するとともに，森林をターゲットとしてリモートセンシングを活用した経済分析の事例を紹介する。

164　第Ⅳ部　森林・木材産業に関する分析ツール

2．リモートセンシングとは何か
（1）リモートセンシングの考え方

　リモートセンシングとは離れたところから（remote），触れることなく対象物を調べる（sensing）技術である。上述のように古くは航空写真の利用から，現在では人工衛星が定期的に送信する情報に基づいた分析技術を指すことが多い。また，必ずしも全球的な規模とは限らず，航空機やドローンなどを必要に応じて飛ばして，人間が侵入しにくい小地域の情報を収集する場合も少なくない。表10-1は経済学で利用されることの多いデータベースの例である。

　人工衛星には，地球上の観測を目的とした地球観測衛星をはじめとして，通信衛星，軍事衛星などがある。人工衛星の地球のまわり方にはいくつか種類がある。地球と同じ速度で同じ方向に動くことで地上から静止しているように見える軌道や，1日に地球を何周もまわり定期的に同一地点を同一時間帯に通過する軌道などがある。前者の軌道をとる衛星には我が国の気象衛星「ひまわり」があり，赤道上空およそ3.6万kmを飛行している。また，後者の軌道をとる衛星には米国のランドサット（Landsat）や我が国の陸域観測技術衛星（ALOS（だいち））があり，500-1,000km上空の円軌道を周回している。航空機であれば，1,000m以下の高さを必要に応じて飛行し，画像情報を取得する。より地面に近いところではヘリコプターやドローンのような無人機を利用することもある。

　人工衛星であれドローンであれ高度なセンサーを搭載しており，地表面や水面の様々な物質の太陽光の反射波や，物質自体の熱放射などを計測して，物体の特徴を分析する。この際に計測する電磁波には人間の目には映らないものも含まれる。表10-2はLandsat 8が記録する取得波長領域（バンド）を示したものである。

表10-1　経済学で利用されることの多い主要な衛星データ

	解像度	利用可能年	応用例
Landsat	30m	1972年－	都市開発，森林被覆等
MODIS	250m	1999年－	大気汚染，水産資源等
DMSP-OLS	1km	1992－2013年	所得水準，電力利用等
DigitalGlobe	1m	1999年－	土地利用，森林被覆等

資料：Donaldson and Storeygard（2016）

第 10 章　リモートセンシングと経済分析：森林研究への活用を例に　165

表 10-2　各波長帯の特徴

バンド	名称	波長帯（nm）	解像度	主な応用分野
1	New Deep Blue	433–453	30m	エアロゾル/沿岸域
2	Blue	450–515	30m	顔料/散乱/沿岸域
3	Green	525–600	30m	顔料/沿岸
4	Red	630–680	30m	顔料/沿岸
5	NIR	845–885	30m	葉/沿岸
6	SWIR 2	1560–1660	30m	葉
7	SWIR 3	2100–2300	30m	鉱物・残物・無散乱
8	PAN	500–680	15m	画像先鋭化

資料：一般財団法人　リモートセンシング技術研究センター　ウェブサイト（https://www.restec.or.jp/satellite/landsat-8）

（2）森林評価で使用される指標例

　リモートセンシングは様々な分野で利用されているが，ここでは森林を含めた植生の評価でしばしば利用される指標を紹介する。太陽の光（紫外線等の目に見えないものを含む）を反射する特性は物質によって異なる。例えば，緑色の葉に含まれるクロロフィルは，Landsat 8 の場合はバンド 5 を強く反射するものの，バンド 4 を吸収する性質を持っていることがわかっている。そのためバンド 4 とバンド 5 の情報を用いれば，地表面が植生で覆われているかどうかの情報を得ることができる。もっとも頻繁に利用されるのが「正規化植生指数（Normalized Difference Vegetation Index, NDVI）」であり，以下のように定義される。

$$NDVI = \frac{(NIR - RED)}{(NIR + RED)} \tag{10.1}$$

　ただし，NIR はバンド 5，RED はバンド 4 を示している（Landsat 8 の場合）。NDVI は−1 から 1 の間の値をとり，1 に近いほど植生である確率が高くなる[1]。また，現実にはどこからが森林でどこからが荒地であると厳密に線が引いてあるわけではないので，境界については分析者の判断が重要となる。

166　第IV部　森林・木材産業に関する分析ツール

3. リモートセンシングを用いた経済分析
（1）主な傾向

　リモートセンシングが森林と経済活動の関係を分析する上でその力を最も発揮するのは，森林伐採の程度を知ることができるという点であろう。アマゾンの熱帯雨林はもちろんのこと，日本のような小さな国であっても定期的に森林面積の減少をモニターするには膨大なコストがかかる。前述のNDVIなどを用いて衛星写真等から森林面積を計算すれば，同様の情報を極めて安価に取得することができる。

　表10-3は，Blackman（2013）およびDonaldson and Storeygard（2016）の2本のレビュー論文から経済学の雑誌に掲載された森林を対象とする既存研究を抜き出したものである。

　Alix-Garcia *et al.*（2012）は，生態系サービスへの支払い（Payment for Ecosystem Services: PES）がメキシコにおける森林伐採を減少させる効果があることを示したものである。Foster and Rosenzweig（2003）は，インドにおいて所得および人口の増加とともに林産物の需要が増加し森林面積が増加するとの仮説を，リモートセンシングのデータを用いて検定している。実証結果は仮説をサポートするものとなり，加えて，農業生産性の向上や賃金上昇も森林面積の増加に寄与していることが明らかになった。Müller and Munroe（2005）は伝統的な農業の森林への影響を異なる角度から分析している。ベトナムの村を対象に農地と

表 10-3　森林面積の変化を対象とした分析

	対象地域	方法論	大きさ	コントロール変数
Alix-Garcia *et al.* (2012)	メキシコ	マッチング	250m	PES 道路密度等
Burgess *et al.* (2012)	インドネシア	パネル	6.25km	行政区の数 天然資源収入
Foster&Rosenzweig (2003)	インド	パネル	-	農業生産性 電化率等
Müller and Munroe (2005)	ベトナム	ロジット	50m	標高，傾斜等
Sims (2010)	タイ	パネル	30−50m	国境や道路へ の距離等

森林の間のトレードオフについて検証し，結果として森林保護区の設定は農地面積と強い負の相関があることを示している。

Sims（2010）はタイの地方自治体を対象として保護区設定が森林面積を増加させているかどうかを 1967 年から 2000 年の間の 5 時点を用いたパネルデータ分析により検定している[2]。結論として保護区を設定することで最大で約 20％の森林面積の増加がみられるとしている。

（2）Burgess *et al.*（2012）について

より具体的に経済学の仮説に基づいた検討を行った論文として，Burgess *et al.*（2012）がある。この論文では資源管理と経済活動の関係について豊富な知見が得られていることから，若干詳細に内容を紹介したい。

対象地域のインドネシアは 2000 年から 2008 年の間に地方自治体の数がほぼ倍増している。Burgess *et al.*（2012）は，森林伐採には自治体からの許可が必要である点に着目して，自治体数の増加が典型的なクールノー競争になっていると予想した。すなわち，同一の丸太市場内に存在する自治体数が増加することによって，森林伐採（許可のあるものだけでなく，不法伐採も含む）が増加し，市場での丸太価格が低下する，というものである。

実証分析では非説明変数の森林伐採を，NASA が運用している MODIS（Moderate Resolution Imaging Spectroradiometer 中分解能撮像分光放射計）により収集された衛星写真をベースに作成している。MODIS は撮影頻度が高いため，インドネシアのように雲が多い地域において，利用可能な情報が多いという利点がある。250m×250m のピクセルをカウントして，2000 年から 2008 年の年間森林伐採エリア（伐採されたピクセルの数）を計算している。

このピクセルの数を非説明変数として，プロビンス内の地方自治体の数を説明変数としたカウントデータモデルによる実証分析を行っている。その結果，地方自治体の数が 1 増えることによって，3.85％伐採が増えることが示され，仮説をサポートする結果となっている。

また，Burgess *et al.*（2012）は別の仮説として，この地域では天然資源が重要な収入源であることから，丸太と他の天然資源（ここでは天然ガスと原油）の間

に代替性があるかどうかを検定している。その結果，短期的には天然ガスと原油の価格が1ドル増加すると森林伐採面積が0.3％（不法伐採エリアでは0.6％）減少することが示され，代替性があることが確認された。ところが中期的な関係をみてみると同様の結果は得られなかった。この差異について，Burgess *et al.*（2012）は天然ガスや原油からのレントが十分に大きくなった場合，中長期的には別のタイプの政治家が参入してくるのではないかと予想した。元来，地方自治体の政策立案者は地域の森林保全に熱心であることが多いため，他の資源からレントを得られるのであれば，森林保全に積極的である。ところが十分に高いレントが得られるようになるとあらゆるレントを獲り尽くしたいというタイプの政治家が参入してくるのではないかと考えたのである。実際，実証分析の結果もこの仮説を支持しており，政治体制の変化がみられることが明らかになった。

　以上の結果はいずれも標準的な経済モデルの帰結が当てはまることを示唆している。仮に伐採や採掘の許可のレントが汚職の引き金になっているとすれば，REDD（Reducing Emissions from Deforestation and Forest Degradation in developing countries）やPESといった形でのレントに置き換えることが資源保全に有効ではないかとBurgess *et al.*（2012）は結論付けている。

４．Rを用いた事例
（1）Rを用いるメリット
　Rとは，統計データの処理と視覚化を得意とするオープンソースのソフトウェア／統計処理言語である。経済系で広く使用されているSTATAやEviews等のソフトウェアは比較的高額であるが，Rはフリーで利用可能である。また，QGIS等の地理情報システムに比べると地図を描画するという点からは若干見劣りするが，同じプラットフォームの中でスムーズに高度な統計計算を行うことができるという利点がある。

　グラフ等の描画機能も通常の統計ソフトに比べると優れていることも考慮し，本章ではRによる事例を紹介する。また，Rのインストール方法や基本的な使い方についても，インターネット上の情報に加えて，多数の書籍が出版さ

れているので本章では省略する。

（2）データの入手

リモートセンシングを行うためにはまず衛星画像（あるいは航空写真）を入手する必要がある。Landsat の画像は米国地質調査所 (United States Geological Survey, USGS) が運用している EarthExplorer[3] により無料で入手することができる。ただし，入手するためには会員登録が必要となる。国内では産業技術総合研究所（AIST）が類似のサービスである Land Browser[4] を運用している。これは，Google Map を利用して選択したエリアの Landsat による衛星写真を入手することができるサイトであり，初心者にもわかりやすい。

図 10-1 は Land Browser のスクリーンショットである。右側にあるメニューで必要事項を入力し，上部の save ボタンを押すことでローカルに保存することができる。詳細な利用方法はマニュアル[5]を参照されたい。本節で利用したデータは Landsat 8 で，2014 年夏と 2016 年夏の中国瀋陽市付近の衛星写真である。

図 10-1　産総研提供の Land Browser

次節での作業では，Landsat 8 のデータから Band 1 から Band 8 までの TIFF（.tif）形式のデータ 2 時点分をダウンロードし，ローカルに保存したものを使用する。

（3）NDVI の計算

次にローカルに保存した Landsat 8 のデータを用いて，実際に NDVI を計算する。はじめに，必要な R のパッケージと，上述の手順でダウンロードした.tif ファイルを読み込む。R のコードは以下の通りである。

```
 1  library(raster)
 2  library(rgdal)
 3
 4  setwd(''/Users/R/landsat/LandBrowser'')
 5
 6  ## ファイルパスを取得
 7  LS20140807 <- list.files(''/Shenyang20140807'', full.names = T)
 8  LS20160828 <- list.files(''/Shenyang20160828'', full.names = T)
 9
10  ## ファイル名の確認
11  LS20140807
12  LS20160828
13
14  ## ファイルの結合．8層のレイヤーからなるオブジェクトに変換する
15  LSstack20140807 <- stack(LS20140807)
16  LSstack20160828 <- stack(LS20160828)
```

以上のコードの最後の 2 行（15 から 16 行目）で作成されたオブジェクトの中身を，2014 年夏のオブジェクト（15 行目で作成した LSstack20140807）について見てみると以下のようになる。

```
 1  > LSstack20140807
 2  class : RasterStack
 3  dimensions : 785, 1377, 1080945, 8 (nrow, ncol, ncell,
 4             nlayers)
 5  resolution : 305.7481, 305.7481 (x, y)
 6  extent : 13554059, 13975074, 5015076, 5255088
 7             (xmin, xmax, ymin, ymax)
 8  coord. ref. : +proj=merc +a=6378137 +b=6378137 +lat_ts=0.0
 9             +lon_0=0.0 +x_0=0.0 +y_0=0 +k=1.0 +units=m
10             +nadgrids=@null +no_defs
11  names : LC8119031//GN00_BAND1, LC8119031//GN00_BAND2,
12         LC8119031//GN00_BAND3, LC8119031//GN00_BAND4,
13         LC8119031//GN00_BAND5, LC8119031//GN00_BAND6,
14         LC8119031//GN00_BAND7, LC8119031//GN00_BAND8
```

第 10 章　リモートセンシングと経済分析：森林研究への活用を例に　171

dimension のレイヤーの数（nlayer）をみると，8 となっていることがわかる。また，セルの数は 1,080,945 である。このデータを使って NDVI を計算する。定義は（10.1）式に示した通りである。

```
1  ## 第5 層と第4 層のデータを使用
2  LSndvi20140807 <- (LSstack20140807[[5]] - LSstack20140807[[4]])
3  / (LSstack20140807[[5]] + LSstack20140807[[4]])
4
5  LSndvi0160828 <- (LSstack20160828[[5]] - LSstack20160828[[4]])
6  / (LSstack20160828[[5]] + LSstack20160828[[4]])
```

計算された NDVI のうち，2014 年夏についてその情報を確認してみると以下のようになる。

```
1  > LSndvi20140807
2  class : RasterLayer
3  dimensions : 785, 1377, 1080945 (nrow, ncol, ncell)
4  resolution : 305.7481, 305.7481 (x, y)
5  extent : 13554059, 13975074, 5015076, 5255088
6              (xmin, xmax, ymin, ymax)
7  coord. ref. : +proj=merc +a=6378137 +b=6378137 +lat_ts=0.0
8              +lon_0=0.0 +x_0=0.0 +y_0=0 +k=1.0
9              +units=m +nadgrids=@null +no_defs
10  data source : in memory
11  names : layer
12  values : -1, 1 (min, max)
```

次に計算された NDVI を実際にプロットしてみる。コードは以下の通りである。

```
1  plot(LSndvi20140807,
2      main="Landsat derived NDVI\n 7 August 2014")
3
4  plot(LSndvi20160828,
5      main="Landsat derived NDVI\n 28 Augusut 2016")
```

図 10-2 は 2014 年夏の瀋陽市周辺である。2014 年から 2016 年の比較であり，2 年間しか経っていないので図からは NDVI の違いは確認できない。また，NDVI が 1 のところと 0.5 のところの区別も視覚だけでは困難である。

図10-2 中国瀋陽市周辺のNVDI

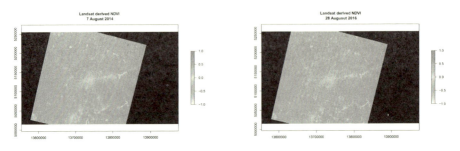

そこで，NDVIのヒストグラムを作成する。

```
## ヒストグラムの作成
hist(LSndvi20140807,
     main="NDVI: Distribution of pixels\n Landsat 8,
     August 2014 at Shenyang")

hist(LSndvi20160828,
     main="NDVI: Distribution of pixels\n Landsat 8,
     August 2016 at Shenyang")

## ピクセルの数をレンジ別に数える
histShenyanBefore<-hist(LSndvi20140807)

histShenyanAfter<-hist(LSndvi20160828)

## レンジの表示
histShenyanBefore$breaks

histShenyanAfter$breaks

## レンジ別の頻度の表示
histShenyanBefore$breaks

histShenyanAfter$counts
```

図10-2から想像できるように2時点のヒストグラムをグラフで比較してもその差を視覚的に理解することは難しい。表10-4はヒストグラムから頻度を抜き出し，NDVIが0.5以上という基準で全体のピクセルに占める割合を計算したものである。

表 10-4　NDVI が 0.5 以上のピクセルの数

(単位：%)

	0.5 以上の頻度	全体に占める割合
2014 年夏	13,696	1.3
2016 年夏	44,052	4.1

　仮に NDVI が 0.5 以上のピクセルを森林・植生とみなせるとすれば，表 10-4 の結果より 2014 年から 2016 年の間に瀋陽市周辺では森林・植生が増加したことになる。同様の分析を他の地域や他の時点について行っていけば，表 10-3 で整理したような既存研究が使用している森林被覆率や森林伐採に関するバイナリ変数と同様の変数を作成することができる。ただし，やみくもに計算結果を信用するだけでなく，ground truth などの他の手段も併用してデータの質を高めていくことが重要であることを忘れてはならない。こうした点の詳細については，露木 (2016) などのリモートセンシングのテキストを参照されたい。

5．おわりに

　本章では，近年，経済分析でも応用事例が増加しつつあるリモートセンシングについて簡単に説明するとともに，具体的な分析方法について，R を用いて解説した。その有用性は明らかであり，分野によっては従来型の経済分析のあり方に大きな影響を与える可能性がある。その際に注意しなければならない点として，プライバシーの問題がある。近年の衛星写真の精度向上は著しく，思わぬ形で個人のプライバシーを侵害するリスクがある。公開データを利用する場合はリスクが小さいと言えるが，個別の研究テーマに沿ってオーダーメイドの衛星写真等を入手する場合には十分な注意が必要である。

参考文献

露木聡 (2016)『第 3 版　リモートセンシング・GIS データ解析実習〜入門編〜』，日本林業調査会。

Alix-Garcia, J., Shapiro, E, K. Sims (2011) "Forest conservation and slippage:evidence from Mexico's National Payments for Ecosystem Services Program,"*Land Economics*, vol. 88, pp.613-638

Blackman, A. (2013) "Evaluation forest conservation policies in developing countries using remote sensing data:An introduction and practical guide, *"Forest Policy and Economics*, vol. 34, pp.1-16

Burgess, R., Hansen, M., Olken, B., Potapov, P. and S. Siever (2012) "The Political Economy of Deforestation in the Tropics, *"Quarterly Journal of Economics*, vol. 127, pp.1704-1754

Donaldson, D. and A. Storeygard (2016) "The View from Above:Application of Satellite Data in Economics, *"Journal of Economic Literature*, vol. 30, pp.171-198

Foster, A. and M. Rosenzweig (2003) "Economic Growth and the Rise of Forests, *"Quarterly Journal of Economics*, vol. 118, pp.601-637

Monmonier, M. (2002) "Aerial Photography at the Agricultural Adjustment Adminis-tration:Acreage Controls, Conservation Benefits and Overhead Surveillance in the 1930s, *"Photogram-metric Engineering and Remote Sensing*, vol. 76, pp.1257-1261

Müller, D. and D. Munroe (2005) "Tradeoffs between rural development policies an forest protection:spatially explicit modeling in the Central Highlands of Vietnam, *"Land Economics*, vol. 81, pp.412-425

Sims, K. (2010) "Conservation and development:Evidence from Thai protected areas, *"Journal of Environmental Economics and Management*, vol. 60, pp.94-114

注

1) もちろん NDVI の値が大きい時に必ず森林であるということはない。必要に応じて, ground truth を確認していくことが重要である。

2) 自治体・年のパネルデータであるため, 域内のプロットのうち森林とカウントできる部分の増減を評価している。調査対象とより小さなプロットレベルとする場合は, 森林伐採を 0 か 1 で定義する場合もある。

3) URL:https://earthexplorer.usgs.gov/

4) URL:http://landbrowser.geogrid.org/landbrowser/index.html

5) URL:http://file.www5.hp-ez.com/tottyiwata/LBM1.pdf

第 11 章　国際貿易の実証分析：R 言語による実装

伊　藤　　岳

1．序論

　森林・木材産業貿易を含め，国際貿易の実証研究には適切なデータの取得とその整理・操作（data tidying, Wickham, 2014），および分析手法が必要になる。本章では，貿易の実証分析の前提となるデータセットの取得・整理・操作と解析手法について，フリーの強力な統計処理ソフトウェア／言語である R を用いた基礎的・実践的なガイドを提供する。なお，貿易をめぐるデータセットの一覧や貿易の重力モデル（gravity model）のような計量経済的な手法のレビュー論文は既に多数存在することを踏まえ，本章では議論を次の 2 点に絞りたい。すなわち，本章では，重力モデルについての最低限の基礎を概観した上で，(1) 国際連合統計局（United Nations Statistics Division）UN Comtrade データに特に注目し，R 言語と API (Application Programming Interface) を用いたデータ取得と，(2) 重力モデルの主要な推定法の R 言語による実装を中心に扱う。次節で詳述する通り，UN Comtrade は 1960 年代以降の国連加盟国・地域の国際貿易をカバーする包括的なデータセットで，国際貿易をめぐる実証研究において広く用いられている。本書の中でも，第 7 章 (馬駿論文) と第 8 章 (金奉吉論文) が UN Comtrade のデータセットを用いている。

　本論に入る前に，基本的にコード記述で操作を行う，一見参入障壁が高いように思える R を用いる理由・利点を明示しておきたい。第 1 に，R は現在，経済学や政治学といった社会科学分野の方法論・実証分析や統計学分野の「共通言語」となりつつある。R を用いた分析の蓄積は，多分野における再現可能な

研究成果の提出・批判・再検証を助け，健全な科学的研究の発展に貢献する。第2に，パッケージと呼ばれる拡張機能が充実していること，また最新の計量経済学・統計学の手法が，他のソフトウェアに比べ早期にR上で実装される点がある。Rのパッケージ開発・公開は原則（一定の審査を経て）「誰でも」行うことができ，それ故新たに提案された推定方法も論文の公表と同時にR向けパッケージとして公開されることも多い。常に最新の手法を実行できることは，研究者・学生にとって大きな利点といえる。第3に，ユーザ層の広さがある。一般的な統計処理ソフトウェアは購入に数万円から10数万円が必要なことに対し，Rはオープン・ソースのソフトウェアであり無料で入手・利用できる。Rのユーザ数や相互補助コミュニティは継続的に増加・発展し，何らかの問題に直面した場合には世界中のユーザから意見・助力が得られる。たとえば，Stack Overflow（https://stackoverflow.com）と呼ばれるデベロッパ／プログラマのコミュニティサイトにも，Rのエラーへの対応やエレガント／効率的なコードを提案し合うスレッドが多数存在している。こうしたスレッドを参照すれば，自ら質問を出すまでもなく直面している問題を解決できることも多い。以上のようなRとそのユーザ・コミュニティの特性は，実証研究のためのソフトウェア／言語としてのRの際立った利点・特徴といえよう。

　以下，本章では次の通り議論を進める。第2節では，UN Comtrade を中心に取り上げつつ，国際貿易の実証研究に有用なデータセットを概観する。UN Comtrade については，ブラウザ上での GUI（Graphical User Interface）による取得方法に加え，ときに煩雑となるデータ取得作業を API を用いて自動化する方法も解説する。第3節では，国際貿易の実証分析において広く用いられる貿易の重力モデルの基礎と推定法を概観する。続く第4節では前節の議論を踏まえ，R言語と UN Comtrade を用いた重力モデルの実装例を示す。第5節では結論として議論をまとめる。

　なお，本章で用いたRの再現コード（replication code）は，著者らの研究プロジェクトのウェブサイトで公開している（http://cfes-project.eco.u-toyama.ac.jp）[1]。本章の内容とRコードは，本書の主題である木材や北東アジア地域の国際貿易に限らず，国際貿易・重力モデルの実証研究一般に用いることができる。紙幅

の関係上，R 言語への導入については著者らのウェブサイト・関連講義資料や
R ウェブサイト（https://cran.r-project.org/doc/manuals/R-intro.html）を，重力モデル
の理論的基礎付け，方法論や実証研究の動向については既存のレビュー論文を
参照されたい（e.g., Anderson, 2011; Baldwin and Taglioni, 2007; Gómez-Herrera, 2013;
Head and Mayer, 2015）。

2. UN Comtrade

　UN Comtrade は国連統計局が提供する国際貿易の大規模なデータセットであ
り，国連加盟国・地域の貿易統計を元に，国連統計局が編集を加え作成・公開
されている。2002 年に原則無料で利用可能なオンライン・データベースが公開
され，国際貿易をはじめとする経済学や政治学分野の実証研究に広く利用され
ている。2015 年には後述の API 機能が実装され，利便性が大幅に向上した。こ
のデータセットの特徴として，最大で 1960 年代以降の各国・地域間の貿易に
ついて，フローの種類（輸出・輸入・再輸出・再輸入）や貿易品目・サービス別の
データを取得できる点がある。UN Comtrade では Harmonized Commodity
Description and Coding System（HS），Standard International Trade Classification
（SITC），Broad Economic Categories（BEC）を用いて貿易品目を区別すること
ができ，後述のようにこれらの異なる品目コード間の対応表も公開している。
　上記の通り，UN Comtrade は原則無料で利用できるが，一度に大量のデータ
を取得したい場合や，一定時間内に多数のアクセスを行ないたい場合には有料
のライセンスを購入する必要がある。したがって，たとえば，ある年の全国家・
地域の貿易データを一括取得したい場合（bulk download）や，後述の API 機能を
用いて大量のデータを短時間で取得したい場合などには，この有料ライセンス
が必要になる。
　UN Comtrade からデータセットを取得する方法は，（1）ウェブ上の GUI を用
いたクリック操作と（2）API 機能を用いたコード記述・実行に大別できる。以
下では，（2）の API 機能を中心にしつつ UN Comtrade データセットの具体的な
取得方法を示す。

178　第IV部　森林・木材産業に関する分析ツール

（1）データセットの取得方法（1）：GUI 操作

　UN Comtrade は，ウェブブラウザ上でのクリック操作により，公開されているデータセットを取得できるウェブアプリケーションを提供している（https://comtrade.un.org/data/）。図 11-1 に，スクリーンショットを示しておく。このウェブアプリケーションでは，ユーザがまず (1) 製品のタイプと頻度（"Type of product & Frequency"）と（2）いずれの貿易品目コードを用いるかを指定する（"Classification"）。次いで，(3) "Select desired data"欄で期間・報告国・相手国と取得したい品目コードを指定すれば，その範囲のデータセットを csv ファイルとしてローカル環境にダウンロードできる。

図 11-1　UN Comtrade ウェブアプリケーションのスクリーンショット

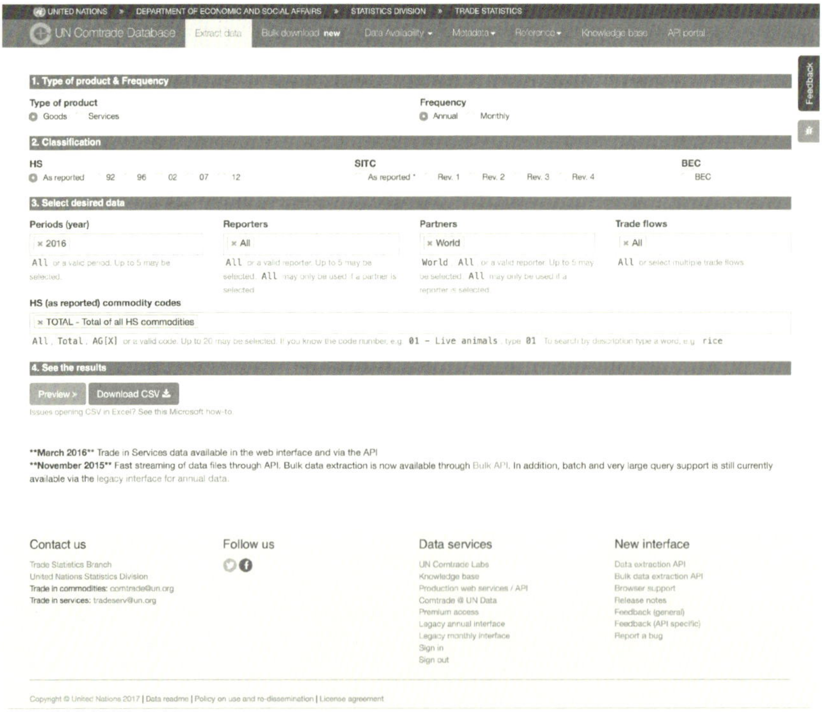

（2）データセットの取得方法（2）：R と API

こうした GUI 操作によるデータ取得は簡易ではあるが，重力モデルの実証研究で用いるような大量のデータを取得したい場合にはデータ取得作業が非常に煩雑になってしまう。また，クリック操作が主になるため，押し間違いや取得し忘れのようなミスも避けられない。また，データセットが更新された時には煩雑な作業を繰り返さなければならず，大量のデータセットを取得する上では現実的な方法とはいえない。また，同じ作業を他者が再現することも難しく，研究に使用する上で支障がある。言い換えれば，研究作業の効率性や再現可能性が，非本質的な理由によって損なわれてしまう。

UN Comtrade は，2015 年 11 月にデータセット取得のための API 機能を公開した（https://comtrade.un.org/data/doc/api/）。API とは一般に，ソフトウェア間で機能を共有する仕組み（命令，関数等の集合）を指す。API を用いることで，遠隔地にあるコンピュータやサーバ（ここでは UN Comtrade）が提供する機能・データを，他のソフトウェア（ここでは R）で動的に取得・利用できる。UN Comtrade も含め，近年の大規模なデータベースでは GUI でデータセット（の一部）をダウンロードできるサービスに加えて，API を介してデータセットを取得できることが多い。R 向けにも，API を介したデータ取得・操作をサポートするパッケージが多数公開されている[2]。API を用いれば上述のような煩雑な取得作業を自動化（したがって再現可能に）でき，ミスを避けることもできる。

著者らのウェブサイトでは，UN Comtrade の API を R 上で利用するための関数・コードを公開している（http://cfes-project.eco.u-toyama.ac.jp/resource/r_comtrade/）。一連の関数・コードの中の get_comtrade_data()関数を用いれば，下記のような簡略なコード実行により UN Comtrade のデータセットを取得できる[3]。なお，この関数は UN Comtrade ウェブサイトが公開しているサンプル・コードを修正したものである（https://comtrade.un.org/data/ Doc/api/ex/r）。著者らの手によるもではないが，R の comtradr パッケージも類似の機能をもつ関数を実装している（https://cran.r-project.org/web/packages/comtradr/index.html）。

180 第IV部 森林・木材産業に関する分析ツール

```
 1  ## ワーキング・ディレクトリを指定
 2  ## Path2YourWorkingDirectory は実行環境に合わせてディレクトリへのパスに置き換える
 3  Path2YourWorkingDirectory <- "~/path/2/your/working_directory"
 4  setwd(Path2YourWorkingDirectory)
 5
 6  ## 関数の URL
 7  function_url <- "http://cfes-project.eco.u-toyama.ac.jp/wp-content/uploads/2017/08/
      get_comtrade_data.r"
 8  ## get_comtrade_data() 関数の読み込み
 9  source(function_url)
10
11  ## データの取得。392 は日本の国家コード
12  sample_data <- get_comtrade_data(392, period = 2016)
```

ここでは，日本の 2016 年の貿易データ（総額）を取得し，sample_data とい
うオブジェクトに格納している。このコードを実行することで，上述の GUI を
操作で次の操作を行った場合に得られるものと同様のデータを，R に直接読み
込むことができる。

(1) 製品のタイプと頻度について"Goods"と"Annual"を指定。

(2) 貿易品目コードについて，"HS"の下の"As reported"を指定。

(3) "Select desired data"欄で期間を"2016"に，報告国 (reporter) を"Japan"に，
相手国 (partner) を"all"に指定。

R と UN Comtrade の API 機能を利用すればこうしたデータ取得作業を 1 行の
コード（上記の 12 行目）で行うことができ，作業を簡略化・自動化できる。こ
の関数の引数・利用法等の詳細は，上記ウェブサイトを参照してほしい。

また，著者らのウェブサイトで解説している通り，この関数によって，特定
の貿易品目のデータを取得することもできる。こうしたデータセット取得作業
を年・国家・貿易品目等別に繰り返す R コードを実行すれば，上記の GUI 操作
のような煩雑を省略でき，また人為的なミスを回避できる。

なお，UN Comtrade をはじめ，国家を観察単位 (unit of observation) とするデー
タセットでは，国家の判別のために国家コード（country code）と呼ばれる番号
や数文字のアルファベットが用いられることが多い。国家コードには複数の種
類があるが，UN Comtrade では一部の例外を除いて ISO コードと呼ばれる国家

コードが用いられている（https://unstats.un.org/unsd/tradekb/Knowledgebase/Comtrade-Country-Code-and-Name）。上記の R コードでは"392"を get_comtrade_data()関数に引数として与えているが，これは日本を示す 3 桁数字の ISO コードである。複数の国家コード同士を結合するには煩雑な作業が必要になるが，R の countrycode パッケージ（https://github.com/vincentarelbundock/countrycode）を用いれば主要な国家コードの対応表を取得できる。後述の R コードでは，countrycode パッケージの使用例も示す。

（3）貿易品目コードの対応表

　実際の分析では，HS コードや SITC コードのような異なる貿易品目コード間で類似する貿易品目を抽出することがしばしば必要になる。UN Comtrade は，こうした要請に応える貿易品目コードの対応表（correspondence table）を提供している（https://unstats.un.org/unsd/trade/classifications/correspondence-tables.asp）。ただし，UN Comtrade のウェブサイトにも注意がある通り，異なる貿易品目コードやバージョンの間で「類似」する品目を抽出・取得することはできても，完全に「一致」する品目を抽出・取得することが常に可能とは限らない点には注意する必要がある。利用目的や着目する具体的な品目に応じて，品目コード間の類似・一致度合いを適宜判断することが望ましい。

　データセットの取得と同様に，貿易品目コード対応表の取得・整理も，R を用いて簡略化・自動化できる。著者らのプロジェクト・ウェブサイトにおいて，木材関連品目を事例に R コードと解説を公開しているので，興味のある読者は参照してほしい（http://cfes-project.eco.u-toyama.ac.jp/resource/r_comtrade/）。

（4）他の有用なデータセット

　本章は UN Comtrade データセットを中心に扱うが，当然ながら UN Comtrade 以外にも有用なデータセットが多数公開されている。重力モデルに議論を進める前に，特に有用と思われるデータセットをいくつか取り上げておく。

1）国際貿易のデータセット

　筆者の専門である国際関係論や政治学一般の研究者が頻繁に利用するデータ・プロジェクトに，ミシガン大学のJ. D. シンガー（J. D. Singer）らが中心となり1960年代に立ち上げられた「戦争の相関因子プロジェクト（Correlates of War Project, CoW）」がある（http://www.correlatesofwar.org）。CoWが作成・公開するデータセットの際立った特徴として，データセットがカバーする期間の長さがある[4]。この点は国際貿易のデータセットについても同様で，CoW "International Trade Dataset, 1870–2014"（http://correlatesofwar.org/data-sets/bilateral-trade）は1870年から2014年の国際貿易のデータを記録している。UN Comtradeのように貿易品目の区別はできないものの，国際貿易の長期的な趨勢に興味がある場合は，CoWのデータセットが有用となる。また，UN Comtradeのように国際機関が作成・管理・公開しているデータセットとして国際連合食糧機関（Food and Agriculture Organization）Food and Agriculture Organization Corporate Statistical Database（FAOSTAT）"Detailed Trade Matrix"（DTM, http://www.fao.org/faostat/en/#data/TM）や国際通貨基金（International Monetary Fund, IMF）"Direction of Trade Statistics"（DoTS, http://www.imf.org/en/Data）があり，実証研究でもUN Comtradeと併用される（黒子2013）。

　UN Comtradeに修正を加えたデータセットとして，NBER（National Bureau of Economic Research）"United Nations Trade Data, 1962−2000"（http://cid.econ.ucdavis.edu/wix.html; Feenstra, Lipsey, Deng et al., 2005）やCEPII（Centre d'Etudes Prospectives et d'Informations Internationales）"BACI"データセット（http://www.cepii.fr/CEPII/en/bdd_modele/bdd modele.asp; Gaulier and Zignago, 2010）がある。UN Comtradeについてしばしば指摘される問題として，ある貿易フローについての輸出側・輸入側のデータの不一致がある。たとえば，t年におけるi国（輸出国）とj国（輸入国）の間の貿易量は実態としては単一の値であり，i国の輸出金額とj国の輸入金額は一致すると考えられる。しかしながら，UN Comtradeデータセットの中にはこの値が一致しないものが散見される（黒子2013, p.314）。輸出額・輸入額いずれかのデータのみを用いて分析を進めることもできるが，NBER "United Nations Trade Data, 1962–2000"とCEPII BACIデータセットはこうした不一致を

修正・補正するコーディング・ルールを提案し，それに基づく修正を加えたデータセットを公開している[5]。

　これらのデータセットは上記の問題に対処する上では非常に有用だが，オリジナルの UN Comtrade で利用可能な全ての貿易品目コード・時期・国（地域）のデータをカバーしている訳ではない。たとえば，BACI データセットは HS コードのみに対応しており，カバーする期間も 1992 年以降に限られる。したがって，関心のあるデータを用いた実証研究のために UN Comtrade から取得したデータセットを独自に整理・修正する必要が生じることも多い。

2）国家・国家間の特徴量を巡るデータセット

　重力モデルを用いた実証研究には，従属変数となる貿易量に加えて経済規模や距離といった国家および国家のダイアド（dyad; 二国の組）の特徴についてのデータも必要になる。貿易量については全品目の総額という集計的な情報しか得られないものの，CEPII が無料で公開している"Gravity Dataset"（http://www.cepii.fr/CEPII/en/bdd_modele/presentation.asp?id=8; Head and Mayer, 2015; Head, Mayer, and Ries, 2010）も，貿易の実証研究，特に重力モデルを用いた実証研究に有用である。このデータセットは，次節以降で用いる重力モデルの推定において頻繁に用いられる国家間の距離，自由貿易協定（Free Trade Agreement, FTA）の有無，共通の公用語，旧植民地の紐帯といった「定番」の変数を提供する。当然ながら，このデータセットのコードブックには各変数の出所やコーディング・ルールが詳述されているため，ソースにアクセスし自ら必要なデータを再収集・整理することもできる。

　国家間の距離も，重力モデルを実証研究で用いる上で重要な変数となる。国家間の物理的「距離」は一見自明なようにも思えるが，その概念化・操作化の方法は一意に定まるわけではない。たとえば，「国境間の最短距離」を用いるのか，「首都間の距離」を用いるのか，「経済的中心地や人口を加味した距離概念」を用いるのかといった判断が，実証分析に取り組む上では必要になる。こうした概念化・操作化をめぐる判断・定義は決して瑣末なものではなく，「距離の影響」についての推定結果が，「距離の測り方」に依存することさえある (Pickering,

2012）。首都間距離を用いる研究も多いが，首都が必ずしも当該国の経済的な中心地を代表していない場合（e.g., ワシントン DC とニューヨーク）や，領土が大きい国家の場合（e.g., ロシア）などについては，他の距離変数が好ましいだろう。また，国家間の関係を巡る長期間の（パネル・）データを用いた研究に取り組む場合には，植民地独立，国境変更や遷都に由来する「国家間距離の変化」を踏まえることも必要になる。こうした要請に応えるデータセットとして，経済的中心地と首都との乖離に考慮した CEPII "GeoDist" データセットや（http://www.cepii.fr/CEPII/en/bdd_modele/presentation.asp?id=6; Mayer and Zignago, 2011），1946 年以降の国境変遷を踏まえ，首都と国境を基準点にした最短距離，最長距離，平均距離を計算・記録した"Distance data set"がある（Pickering, 2012）。これらのデータセットは，いずれも無料で入手できる。

　その他，同盟関係や国家間の係争についての情報が必要な場合は，上述の CoW project を含め，政治学系のデータセットが有用となる。CoW の Militerized International Disputes（MIDs）は，警備隊の衝突のような軽微な係争や全面戦争を含め，典型的には武力による威嚇・武力の行使（threat/use of force）に特徴付けられる国家間の「係争」「紛争」を広く定義し，烈度（severity）別に記録している（http://cow.dss.ucdavis.edu/data-sets/MIDs）。同盟については CoW に加え，Alliance Treaty Obligations and Provisions（ATOP）プロジェクトのデータセットがあり（http://atop.rice.edu; Leeds, Ritter, Mitchell et al., 2002），近年の国際関係論の実証分析では ATOP を使用する研究が増加している。同盟や紛争のような国際関係の動態は国家間の経済関係にも影響する（両者は内生的な関係にある）と考えられるため，こうしたデータセットは国際貿易の実証分析でも有用だろう。

３．貿易の重力モデル

　Tinbergen（1962）が提案した貿易の重力モデルは，万有引力の法則に着想を得て，ある二国間の貿易量を，両国の経済規模と両国を隔てる距離の関数として捉える。すなわち，貿易の重力モデルは，貿易両国の経済規模に比例し，両国間の距離に反比例すると考える。もっとも，万有引力の法則あるいはそのアナロジーを社会的な現象・相互作用に応用するという発想は，都市間の人口移

動・旅客数は人口規模に比例し，距離に反比例するという Zipf（1946, 1949）の「$\frac{P_1 P_2}{D}$ 仮説（$\frac{P_1 P_2}{D}$ hypothesis）」（P_i は人口，D は距離）に既にみられた（see also, Ravenstein, 1885）。万有引力の法則のアナロジーを国際貿易の説明に用いた Tinbergen（1962）以来，貿易の重力モデルは 50 年以上に渡って国際貿易の実証研究において中心的な役割をはたしてきた（Head and Mayer, 2015, 132）。その応用範囲は広く，商品貿易以外にも，たとえばサービス貿易（e.g., Head, Mayer, and Ries, 2009）や対外直接投資（Foreign Direct Investment, FDI; e.g., Head and Ries, 2008）といった経済現象をはじめ，移民・人口移動（e.g., Anderson, 2011; Lewer and Van den Berg, 2008; Ravenstein, 1885; Zipf, 1946, 1949）や難民のフロー（e.g., Echevarria and Gardeazabal, 2016），さらに武力紛争の蓋然性（e.g., Hegre, 2008）に重力モデルを応用する実証研究が，これまで進展してきた。

　さて，「貿易量は両国の経済規模に比例し，両国間の距離に反比例する」という重力モデルの着想は，現実に適合しているのだろうか。UN Comtrade と R 言語を用いた実装例を示す前に，Head and Mayer（2015）に倣って現実の貿易データの傾向を確認しておこう。図 11-2 は CEPII Gravity データセットを用いて，中国・日本・韓国・米国のそれぞれについて，横軸に貿易相手国（輸入国）の GDP を，縦軸に貿易量を対数スケールで示している。また，図 11-3 は同様に，縦軸に貿易量の対数を，横軸に二国間の距離を対数スケールでプロットしている。他の変数の影響を考慮しない単純な散布図ではあるものの，貿易量は二国間の経済規模に比例し（図 11-2），距離に反比例する（図 11-3）様子が見て取れる。重力モデルを用いた実証研究では，他の変数の影響を統制してもなおこうした関係性が観察されるのか，また経済規模・距離以外の変数が貿易量をどのように／どの程度規定するのかを明らかにすることが主な目的となる。

　重力モデルについては，実証研究への応用と並行して経済学的な理論的基礎付け，推定方法をめぐる方法論的な洗練が継続的に提案されている。紙幅の都合もあり，以下ではこうした研究動向は割愛し，重力モデルの最低限の基礎を簡略に解説した上で，UN Comtrade データセットと R 言語を用いた実装例を示す。関心のある読者は，Anderson（2011）や Head and Mayer（2015）のような，貿易の重力モデルについての体系的なレビュー論文を参照することを勧める。

図 11-2　貿易量と経済規模（GDP），2001–2006

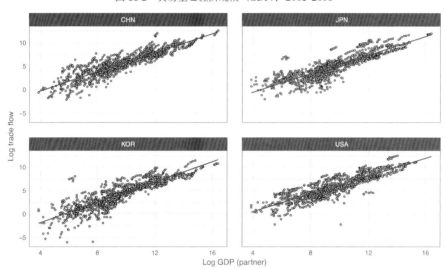

注：CEPII Gravity dataset（Head and Mayer, 2015; Head, Mayer, and Ries, 2010）を用いて作成した。

図 11-3　貿易量と国家間距離，2001–2006

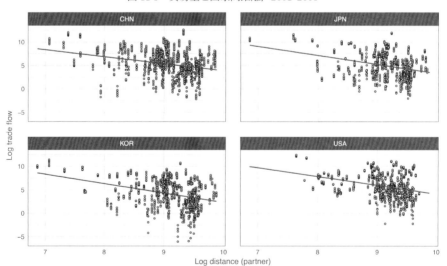

注：CEPII Gravity dataset（Head and Mayer, 2015; Head, Mayer, and Ries, 2010）を用いて作成した。

（1）重力モデルの基礎

さて，重力モデルは，二国間の貿易量は両国の経済規模に比例し，両国間の距離に反比例すると考える。係数・誤差項を省略して簡略に考えれば，次式で表現できる。

$$Trade_{ijt} = \frac{GDP_{it}GDP_{jt}}{Distance_{ijt}}. \tag{11.1}$$

ただし，i は輸出国，j は輸入国，t は観察時期をそれぞれ示す添字である。(11.1)式の両辺の対数をとれば，次式が得られる。

$$\ln Trade_{ijt} = \ln GDP_{it} + \ln GDP_{jt} - \ln Distance_{ijt}. \tag{11.2}$$

経済規模と距離以外の変数の影響を踏まえたモデルを想定することもでき，実際の実証研究ではそうした一般的なモデルが用いられる。より一般的に，輸出国と輸入国それぞれの monadic な（一国単位の）特性と両国間関係の dyadic な（二国単位の）特性が貿易量を決定すると考えれば，

$$y_{ijt} = \alpha + \boldsymbol{x}_{it}^{\top}\boldsymbol{\beta} + \boldsymbol{x}_{jt}^{\top}\boldsymbol{\gamma} + \boldsymbol{z}_{ijt}^{\top}\boldsymbol{\phi} + \epsilon_{ijt}, \tag{11.3}$$

といったモデルが得られる。ただし，y_{ijt} は時点 t における i 国（輸出国）j 国（輸入国）間の貿易量，$\boldsymbol{x}_{it}$（$\boldsymbol{x}_{jt}$）は i（j）国の時点 t における monadic な特性（変数）のベクトル (e.g., 経済規模)，$\boldsymbol{z}_{ijt}$ は ij 国間の時点 t における dyadic な特性（変数）のベクトル (e.g., 距離) を示す。$\boldsymbol{\beta}$, $\boldsymbol{\gamma}$, $\boldsymbol{\phi}$ はそれぞれ未知の係数ベクトルであり，これらの係数を推定しその背後に働くメカニズム，理論的予測との対応を明らかにすることが，重力モデルを用いた実証分析の中心的な関心となる。なお，α はユニット間で共通の定数項，$\epsilon_{it} \sim IID(0, \sigma_t^2)$ は誤差項である。

実際の実証研究では，経済規模・距離以外の要因が貿易量に与える影響を統制するため，(11.3) 式のような一般的なモデルが用いられることが多い。以下でも，こうした一般的なモデルを用いる。

（2）推定法

重力モデルを経験的なデータを用いて推定する上では，いくつかの推定方法

が用いられる（Gómez-Herrera, 2013; Head and Mayer, 2015, 150–154）。伝統的には，(11.2) 式のように対数線形化した式を最小二乗法（ordinary least squares, OLS）で推定する方法が用いられる。ただし，近年の研究では，対数線形 OLS では貿易量が 0 のダイアドが欠測値（missing value）となってしまうことや，「多角的貿易抵抗指数（multilateral resistancevariable）」を踏まえていないといった問題が指摘されている（Anderson and van Wincoop, 2003）[6]。こうした問題を受けて，Structural Iterated Least Squares（SILS; Anderson and van Wincoop, 2003），輸出国・輸入国・輸出入国の組（ダイアド）のダミー変数を投入した固定効果推定（Baldwin and Taglioni, 2007; Disdier, Tai, Fontagné et al., 2010; Redding and Venables, 2004）や，ポワソン疑似最尤推定法（Poisson pseudo maximum likelihood method, PPML; Santos Silva and Tenreyro, 2006）といった推定法が提案されてきた（Gómez-Herrera, 2013; Head and Mayer, 2015）。実際の実証研究では，いくつかの手法を併用し，推定結果の頑健性（robustness）を示すことが多い。それぞれの推定法の理論的な背景や統計的な性質については Baldwin and Taglioni (2007)，Gómez-Herrera (2013) や Head and Mayer (2015) を参照されたい。なお，本章ですべての推定法の実装例を示す訳ではないが，これらの推定法はいずれも R の gravity パッケージ (Head and Mayer, 2015) や，R 標準の glm()関数で実装されている。

４．UN Comtrade と R を用いた重力モデルの推定

　以下，UN Comtrade と R を用いて，(11.3) 式の一般的なモデルを，対数線形 OLS と PPML を用いて推定しよう。貿易量を規定する要因（x_i, x_j, z_{ij}）は多数考えられるが，ここでは実装例を示すことが目的であるため，以下に挙げる少数の独立変数をモデルに含めよう。なお，従属変数となる貿易量は全品目の貿易総額とし，UN Comtrade から取得したデータと Head and Mayer（2015）の再現データを用いる（いずれも 2006 年の貿易データ）[7]。国家の monadic な特徴量としては Head and Mayer（2015）の再現データから経済規模（GDP）をモデルに投入し，国家の政治体制を示す polity2 score も加えよう。polity2 score は国家の政治体制を−10（権威主義体制）から 10（民主主義体制）の整数値で示す変数で，政治学分野の計量分析で頻繁に用いられる（Polity IV project, Marshall, Gurr, and

Jaggers, 2014）。ここでは，polity2 score を 6 以上の場合に 1 をとり，それ以外の場合には 0 をとるダミー変数に変換した上で，輸出国・輸入国それぞれの政治体制を示す変数（民主主義体制を示すダミー変数）としてモデルに投入する[8]。また，dyadic な特徴量としては，当該国間の主要都市重み付け距離（weighted distance, Mayer and Zignago, 2011）と，地域貿易協定（Regional Trade Agreement, RTA）の有無を示すダミー変数を投入する。これらの変数は，いずれも Head and Mayer（2015）の再現データから取得した。

（1）データセットの取得

　まず，上述の get_comtrade_data() 関数を用いて UN Comtrade のデータセットを取得しよう。具体的には，2006 年の全国家間の貿易総額のデータを，次のコードを実行して取得する。なお，1 回に取得するデータセットの大きさ（行数）と合計の取得回数をともに小さくしているため，UN Comtrade の有料ライセンスを取得していなくても以下のコードにより UN Comtrade の貿易データを取得できる[9]。

```
 1  ## ワーキング・ディレクトリを指定
 2  Path2YourWorkingDirectory <- "~/path/2/your/working_directory"
 3  setwd(Path2YourWorkingDirectory)
 4
 5  ## 国家コードを取得するパッケージとデータ操作用のパッケージの読み込み
 6  library(countrycode)
 7  library(stringr)
 8  library(tidyverse)
 9
10  ## 関数の読み込み
11  function_url <- "http://cfes-project.eco.u-toyama.ac.jp/wp-content/uploads/2017/08/
        get_comtrade_data.r"
12  source(function_url)
13
14  ## 国家コードを取得する。countrycode_data オブジェクトは，
15  ## countrycode パッケージによって呼び出されている
16  ccode_df <- countrycode_data %>%
17      tbl_df %>%
18      select(cname = country.name.en, starts_with("cow"), fao, imf, starts_with("iso")
        , un, wb)
19
20  ## ccode_df の中身を確認する：英語表記の国家名と対応する複数の国家コードを含む
21  glimpse(ccode_df)
22
```

```
23  ## ISO コードを抽出し，get_comtrade_data() 関数の引数に適合する形に変換する
24  targets_df <- ccode_df %>%
25      filter(!is.na(un)) %>%
26      select(iso3n) %>%
27      as.matrix %>%
28      as.vector
29
30  ## 1 回のデータ取得量を小さくするため，ISO コードを最大5 カ国ずつに分割する
31  k <- round(length(targets_df)/5)
32  target_list <- split(targets_df, f = 1:k)
33  ## get_comtrade_data() 関数を用いてデータを取得する
34  ## 2006 年のデータは，com_dat オブジェクトに格納される
35  ## サーバに負担をかけ過ぎないよう，Sys.sleep(0.5) によって
36  ## 1 回のアクセス毎に0.5 秒のインターバルを設けている
37  for (i in 1:k) {
38      tmp_target <- str_c(target_list[[i]], collapse = ",")
39      tmp_com <- get_comtrade_data(trade.code = "H2", commodity.code = "TOTAL",
            reporter = tmp_target, period = 2006)
40
41      cat(str_c("Downloading:␣", i, "/", k, "\r")) ## print progress
42      if (i > 1) {
43          com_dat <- bind_rows(com_dat, tmp_com)
44      } else {
45          com_dat <- tmp_com
46      }
47      Sys.sleep(0.5) ## sleep for a while
48  }
```

（2）重力モデルの推定

　以上のコードを実行すれば，2006 年の全国家間の貿易総額のデータが R に読み込まれる（取得したデータは com_dat オブジェクトに格納されている）。ここでは，このデータセットと別途読み込んだ Head and Mayer（2015）の再現データとあわせ，CEPII "Gravity" と Polity IV データセットと結合し，重力モデルの推定を行なった。データの結合・整理を行うコードはここで使用するデータセットに特殊なものになるため，割愛する。詳細は，著者らのウェブサイトで公開している本書のサポート・ページ（http://cfes-project. eco.u-toyama.ac.jp/resource/gravitating woods/）と R コードを参照してほしい。

　データの準備が整えば，次のコードを実行すれば対数線形 OLS と PPML 推定による重力モデルの推定が行なえる[10]。

```
 1  ## PPML 推定のためgravity パッケージを読み込む
 2  library(gravity)
 3
 4  ## 対数線形OLS
 5  ## 1: Head and Mayer の再現データ
 6  ols_hm <- lm(flow_expfob_ln ~ gdp_o_ln + gdp_d_ln + distw_ln + rta + democracy_o +
        democracy_d, data = logols_dat)
 7  ## 2: Comtrade のデータ（全国家の貿易）
 8  ols_cm <- lm(cmtrd_export_ln ~ gdp_o_ln + gdp_d_ln + distw_ln + rta + democracy_o +
        democracy_d, data = logols_dat)
 9  ## 3: Comtrade のデータ（北東アジアの国家の貿易）
10  ols_cm_nea <- lm(cmtrd_export_ln ~ gdp_o_ln + gdp_d_ln + distw_ln + rta + democracy
        _o + democracy_d, data = filter(logols_dat, rt3ISO %in% iso_ne_asia))
11
12  ## PPML 推定（Comtrade のデータ・全国家）
13  ppml_res <- PPML("cmtrd_export", dist="distw", x=c("gdp_o_ln", "gdp_d_ln", "rta"),
        vce_robust=TRUE, data=as.data.frame(logols_dat))
14  ppml_res
```

　このうち，対数線形 OLS で推定した 3 つの回帰モデルの結果を，表 11-1 に示す。表 11-1 の 1 列目は Head and Mayer（2015）の再現データを用いた全国家の貿易についての推定値を，2 列目には UN Comtrade のデータを用いた全国家の貿易についての推定値を，3 列目には北東アジアの各国と全国家間の貿易についての推定値を，それぞれ示した[11]。なお，紙幅の都合上出力を省略したが，PPML 推定の結果は上記のコードの最終行を実行すれば，R のコンソール上に出力される[12]。

　表 11-1 をみると，「貿易量は両国の経済規模に比例し，両国間の距離に反比例する」という重力モデルの着想と整合的な推定結果が得られたことがわかる。いずれのモデルでも，i 国（輸出国）・j 国（輸入国）の経済規模（GDP）は正の係数をもち 5% 水準で有意となった。他方，両国間の距離（Weighted Distance）は負の係数をもち同様に 5% 水準で有意となった[13]。すなわち，この推定結果は，貿易量は両国の経済規模が大きいほど大きくなり，距離が大きいほど小さくなるという構図を示している。

　また，政治体制を示すダミー変数（6+ Polity score）推定結果にも触れておきたい。輸出国（報告国）i の政治体制スコア（6+ Polity score, country i）の回帰係数から，輸出国が民主主義国の場合，貿易量が減少することが読み取れる。この結果はやや直感に反するが，ここでの推定に含めていない変数の影響も統制

192 第IV部 森林・木材産業に関する分析ツール

表 11-1 貿易の重力モデル：OLS 推定，2006 年

	Dependent variable: Export volume (logged USD)		
Data	Head and Mayer 2015	Comtrade	
Sample	All dyads	All dyads	Northeast Asia
	Model（1）	Model（2）	Model（3）
GDP (country i)	1.273***	1.258***	1.159***
	[1.249,1.298]	[1.234,1.282]	[1.085,1.233]
GDP (country j)	0.922***	0.900***	1.023***
	[0.900,0.943]	[0.879,0.922]	[0.959,1.088]
Weighted Distance	−1.308***	−1.370***	−1.023***
	[−1.376,−1.240]	[−1.438,−1.302]	[−1.271,−0.775]
RTA	0.780***	0.763***	2.799***
	[0.620,0.940]	[0.604,0.923]	[1.874,3.724]
6+Polity score	−0.087*	−0.126**	−1.538***
(country i)	[−0.190,0.016]	[−0.228,−0.024]	[−1.910,−1.166]
6+Polity score	0.045	0.095*	0.108
(country j)	[−0.056,0.145]	[−0.004,0.194]	[−0.188,0.404]
Constant	−11.227***	3.466***	1.713
	[−11.863,−10.591]	[2.838,4.094]	[−0.956,4.382]
Observations	10,088	10,476	745
Adjusted R²	0.641	0.640	0.758
Residual Std. Error	2.311（df=10081）	2.331（df=10469）	1.885（df=738）
F Statistic	2,998.028***（df=6; 10081）	3,104.244***（df=6; 10469）	388.792***（df=6; 738）

注：*p<0.1; **p<0.05; ***p<0.01. [ ]内の数字は 95％信頼区間を示す。貿易量が 0 のダイアドは除外して推定した。

した上で，この結果の頑健性と実質的な含意を解釈するといった作業は，重力
モデルを用いた実証分析に取り組む上で中心的な課題となる。

5．結論

　本章では，木材・森林資源の国際貿易にも有用な理論的なツールである貿易
の重力モデル，国際貿易のデータ取得と R による実装方法について概観し，実
例を示した。実際に（木材）貿易の実証研究に取り組む上では，当然ながら経
済学・貿易理論等の基礎知識と，統計学・計量経済学的な知識，実証分析を行
なうためのプログラミングやソフトウェア利用のスキルすべてが必要になる。

本章で実例を示した R コードを用いることでデータ取得を簡略化でき，また実証研究で用いられる主要な推定法も容易に実行できる。

参考文献

Anderson, James E. (2011), "The gravity model. *Annual Review of Economics* 31 (1)", pp.133-160

Anderson, James E., and Eric van Wincoop. (2003), "Gravity with gravitas: A solution to the border puzzle", *American Economic Review* 93 (1), pp.170-192

Baldwin, Richard, and D Taglioni. (2007), "Trade effects of the Euro: A comparison of estimators", *Journal of Economic Integration* 22 (4), pp.780-818

Blackwell, Matthew, James Honaker, and Gary King. (2015a), "A unified approach to measurement error and missing data: Details and Extensions", *Sociological Methods & Research* forthcoming

―――― (2015b), "A unified approach to measurement error and missing data: Overview and applications", *Sociological Methods & Research* forthcoming

Disdier, Anne-Célia, Silvio H.T. Tai, Lionel Fontagné, and Thierry Mayer. (2010), "Bilateral trade of cultural goods", *Review of World Economics* 145 (4), pp.575-595

Echevarria, Jon, and Javier Gardeazabal. (2016), Refugee gravitation. *Public Choice* 169 (3-4), pp.269-292

Feenstra, Robert C., Robert E Lipsey, Haiyan Deng, Alyson C Ma, and Hengyong Mo. (2005), "World Trade Flows: 1962-2000", NBER Working Paper

Gaulier, Guillaume, and Soledad Zignago. (2010), "BACI: International trade database at the product-level (the 1994-2007 version)", CEPII Working Papers 2010-23

Gómez-Herrera, Estrella. (2013), "Comparing alternative methods to estimate gravity models of bilateral trade", *Empirical Economics* 44 (3), pp.1087-1111

Head, Keith, and Thierry Mayer. (2015), *Gravity equations: Workhorse, toolkit, and cookbook*, vol. 4. Oxford: Elsevier BV

Head, Keith, Thierry Mayer, and John Ries. (2009), "How remote is the offshoring threat?", *European Economic Review* 53 (4), pp.429-444

―――― (2010), "The erosion of colonial trade linkages after independence", *Journal of International Economics* 81 (1), pp.1-14

Head, Keith, and John Ries. (2008), "FDI as an outcome of the market for corporate control: Theory and evidence", *Journal of International Economics* 74 (1), pp.2-20

Hegre, Håvard. (2008), "Gravitating toward war: Preponderance may pacify, but power kills", *Journal of Conflict Resolution* 52 (4), pp.566-589

Hoff, Peter D. (2007), "Extending the rank likelihood for semiparametric copula estimation", *Annals of*

Applied Statistics 1 (1), pp.265-283

Honaker, James, Gary King, and Matthew Blackwell. (2011), "AMELIA II: A Program for missing data", *Journal of Statistical Software* 45 (7), pp.1-54

King, Gary, James Honaker, Anne Joseph, and Kenneth Scheve. (2001), "Analyzing incomplete political science data: An alternative algorithm for multiple imputation", *American Political Science Review* 95 (1), pp.49-69

Leeds, Brett, Jeffrey Ritter, Sara Mitchell, and Andrew Long. (2002), "Alliance Treaty Obligations and Provisions, 1815-1944", *International Interactions* 28 (3):237-260

Lewer, Joshua J., and Hendrik Van den Berg. (2008), "A gravity model of immigration", *Economics Letters* 99 (1), pp.164-167

Marshall, Monty G, Ted Robert Gurr, and Keith Jaggers. (2014), *Polity IV project: Political regime characteristics and transitions, 1800-2013 Dataset Users' Manual*

Mayer, Thierry, and Soledad Zignago. (2011), "Notes on CEPII's distance measures: The GeoDist Database", CEPII Working Papers 2011-25

Pickering, S. (2012), "Proximity, maps and conflict: New measures, new maps and new findings", *Conflict Management and Peace Science* 29 (4), pp.425-443

Ravenstein, E. G. (1885), "The laws of migration", *Journal of the Statistical Society of London* 48 (2):167-235

Redding, Stephen, and Anthony J. Venables. (2004), "Economic geography and international inequality", *Journal of International Economics* 62 (1), pp.53-82

Santos Silva, J M C, and Silvana Tenreyro. (2006), "The log of gravity", *Review of Economics and Statistics* 88 (4), pp.641-658

Tinbergen, Jan. (1962), *Shaping the world economy: Suggestions for an international economic policy*. New York: Twentieth Century Fund

Wickham, Hadley. (2014), "Tidy data", *Journal of Statistical Software* 59 (10)

Zipf, George K. (1946), "The $\frac{P_1 P_2}{D}$ hypothesis: On the intercity movement of persons", *American Sociological Review* 11 (6), pp.677-686

——— (1949), *Human behavior and the principle of least effort*. Cambridge, MA: Addison-Wesley

黒子正人（2013）「振興地域の統計事情第 9 回貿易統計」『情報管理』56 (5), pp.310-317

注

1) R コードの作成と実行には，macOS Sierra 10.12.6（言語環境は英語）上の R 3.4.1"Single Candle"を用いた。他の環境での動作は確認していない。

2) 以下で用いる get_comtrade_data()関数では，RCurl, RJSONIO パッケージを用いている。

3) バルク・ダウンロード用関数 get_comtrade_bulk()も著者らのウェブサイトで公開している。た
だし，この関数や UN Comtrade のバルク・ダウンロードを利用するには，有料ライセンスの購読
が必要になるため，ここでは用いない。また，get_comtrade_data()関数を利用する際にも，1回に
取得するデータの行数が 50 万を超える場合には，有料ライセンスが必要になる（有料ライセン
スに付随する token コードを，get_comtrade_data()関数の引数 token に与える）。

4) 最も長期のデータセットは，1816 年以降（いわゆるウィーン体制以降）を記録している。

5) コーディング・ルールの詳細については，それぞれ Feenstra, Lipsey, Deng et al. (2005)と Gaulier
and Zignago（2010）を参照されたい。これらのデータセットや修正方法についての日本語の平易
な解説として，黒子（2013）がある。

6) この問題に対しては，貿易量に任意の正の値を加えた上で対数変換することや，他の観測され
た変数に依存した確率的な欠測（missing at random, MAR）のような何らかの仮定を置いた上で，
多重挿入法(multiple imputation)を用いて対処することも考えられる (e.g., Blackwell, Honaker, and
King, 2015a,b; Hoff, 2007; Honaker, King, and Blackwell, 2011; King, Honaker, Joseph et al., 2001)。本
章では立ち入らないが，欠測値の生成メカニズムに完全なランダム性（missing at completely
random, MACR）を仮定することが適切な場合を除き，欠測値の存在が係数の推定値にバイアス
を生じさせる可能性に配慮する必要がある。もっとも，MACR を仮定できる場合にも，推定の効
率性（efficiency）は欠測値が存在する場合減少する。

7) Head and Mayer (2015) の再現データは Gravity Cookbook website (https://sites.google.com/
site/hiegravity/data-sources) から無料で入手できる。

8) こうした polity2 score のダミー変数への変換は，政治学の計量分析で一般的な変換方法に従っ
ている。

9) ただし，UN Comtrade のウェブサイトにも案内・注意がある通り，API の仕様は予告なく変更
される可能性がある。下記のコードは，UN Comtrade の API 仕様に変更があった 2017 年 9 月時
点で動作を確認している。API の仕様に変更があった場合，適宜著者らのウェブサイトのサンプ
ル・コードも修正・更新するが，UN Comtrade を利用して実証分析に取り組む場合にはこの点に
注意する必要がある。

10) PPML 推定は，R 標準の glm()関数を用いて実行することもできる。glm()関数を用いたい場合
は，一般化線形モデル（generalized linear model, GLM）のリンク関数（link function）を指定する
family 引数に quasipoisson を指定すればよい。gravity::PPML()関数は glm()関数を内部的に呼び出
し，一定の操作を加えた上で推定結果を出力するラッパー関数（wrapper function）である。頑健
標準誤差（robust standard error）やクラスター化頑健標準誤差（cluster robust standard error）を
得たい場合には，glm()関数と sandwich, clusterSE パッケージや関連パッケージを併用すればよい。

11) ここでは，以下の国家・地域が UN Comtrade の「報告国（reporter）」となっているダイアドを，「北東アジア」のサブサンプル推定に含めている：オーストラリア，中国，香港，日本，マカオ，モンゴル，ニュージーランド，韓国，ロシア，米国。

12) 表 11-1 への出力には R の stargazer パッケージ（https://cran.r-project.org/web/packages/stargazer/）を用いた。

13) 従属変数の貿易量と独立変数の経済規模・距離ともに対数に変換しているため，これらの回帰係数は独立変数が 1% 変化したとき，従属変数が何% 変化するかを示す弾力性（elasticity）として解釈できる（$\beta_k = \frac{\Delta y/y}{\Delta x_k/x_k}$）。また，（従属変数の貿易量を対数変換しているため）対数に変換していない独立変数の回帰係数は独立変数が 1 単位変化したとき，従属変数が何% 変化するかを示す半弾力性（semi-elasticity）として（近似的に）解釈できる（$\beta_k = \frac{\Delta y/y}{\Delta x_k}$）。

あとがき

　人間文化研究機構（NIHU）ネットワーク型基幹研究プロジェクト『北東アジア地域研究推進事業』の一環として，また関係各位のご協力を得て，『東アジアの森林・木材資源の持続的利用』を上梓することができました。

　北東アジアの国別動向では本書では中国，日本，韓国の研究をしています。中国は大国であり，自然条件も多岐にわたっていますが，あれだけの大国であるにもかかわらず耕地は少なく，「耕して天に到る」といわれるほどで山林の伐採が行われていて森林の被覆率は低い状態が続いていました。とくに 1978 年末の改革開放政策以降は，経済成長が重視され，環境政策は掲げられてはいたものの顧みられることは少ない状況でした。その中国でもいまや二酸化炭素の大幅な削減が唱えられ，植林政策が中心課題の 1 つになってきました。

　第二次世界大戦，朝鮮戦争と立て続けに二度の戦火に見舞われた朝鮮半島ですが，韓国では戦後植林が大規模に行われ，現在木材としての成熟期を迎えています。同じく第二次世界大戦後に植林した樹木が成熟期を迎えている日本は国土の 3 分の 2 が森林ですが，林業の後継者不足などから，木材の自給率は森林面積にみあったものになっていません。

　北東アジアの 3 カ国の自然条件や経済状況は異なっていますが，森林・木材という面ではいずれも原木の輸入割合が高いという特徴があります。絶対量でいえば，広大な国土と高い経済成長を伴っている中国の輸入量が突出して多くなっています。ただしいずれも自給率が低いことから輸入国としては北東アジアの国々は競合関係にあり，一方で 2017 年には中国が古紙の輸入を禁止したことから，北東アジアだけではなく世界の森林にも影響を与えています。

　本書は森林とは何か，から始まって北東アジア 3 カ国の森林・木材事情，競合状況や望ましい，森林政策など北東アジアの森林・木材事情を多方面から紹介したものです。研究手法も多岐にわたっていることから，戸惑われる読者も

多いかもしれません。ただし各々の研究分野の初学者の方にも専門家の方にもどこかの部分で興味を持っていただけるものになっているはずです。

　ご執筆いただいた先生方，とくに本書の第 2，6 章をご執筆いただくとともに，様々なアドバイスをいただきました筑波大学の立花敏先生に感謝申し上げます。さらに執筆や講演だけでなく，現地調査にも便宜を図っていただいた韓国・忠南大学の金世彬先生，中国人民大学の孔祥智先生，柯水発先生，筑波大学の清野達之先生，さらにシンポジウムやワークショップの場で講演・アドバイスいただきました東京大学の永田信先生，森林総合研究所の梶本卓也先生，平野悠一朗先生, 石崎涼子先生, 拓殖大学の関良基先生に謝意を申し上げます。また予定より遅れても辛抱強く付き合っていただき，年度内に出版してくださった農林統計協会の皆さまにも感謝いたします。さらにお名前をいちいちあげることができませんが, ご協力いただいたすべての方々に感謝すると同時に，北東アジア地域研究の推進機関である人間文化研究機構に改めて感謝いたします。

　本書が森林・林業関係の皆さまのお役にたつことを願っています。

　2018 年 3 月

今村　弘子

執筆者紹介（執筆順。カッコ内は担当章。所属・肩書は執筆時。※は編著者）

馬　駿（Ma, Jun）（序章，第7章）※
　富山大学研究推進機構極東地域研究センター・経済学部　教授

和田　直也（Wada, Naoya）（第1章）
　富山大学研究推進機構極東地域研究センター　教授

立花　敏（Tachibana, Satoshi）（第2章，第6章）※
　筑波大学生命環境系　准教授

今村　弘子（Imamura, Hiroko）（第3章）※
　富山大学研究推進機構極東地域研究センター　センター長，教授

柯　水発（Ke, Shuifa）（第4章）
　中国人民大学農業与農村発展学院　副教授

喬　丹（Qiao, Dan）（第4章）
　中国人民大学農業与農村発展学院　修士課程在学中

孔　祥智（Kong, Xiangzhi）（第4章）
　中国人民大学農業与農村発展学院　教授

金　世彬（Kim, Sebin）（第5章）
　韓国忠南大学校農家大学校森林環境資源学科　教授

李　昌濬（Lee, Changjun）（第5章）
　忠南大学校大学院森林資源学科　博士課程在学中

李　普輝（Lee, Bohwi）（第5章）
　忠南大学校大学院森林資源学科　博士課程在学中

金　奉吉（Kim, Bonggil）（第8章）
　富山大学経済学部　教授

山本　雅資（Yamamoto, Masashi）（第9章，10章）
　富山大学研究推進機構極東地域研究センター　准教授

杉浦　幸之助（Sugiura, Konosuke）（第 10 章）
富山大学研究推進機構極東地域研究センター　准教授
（2018 年 4 月以降は富山大学大学院理工学研究部・教授）

伊藤　岳（Ito, Gaku）（第 11 章）
人間文化研究機構　研究員

索　引

(五十音順)

【ABC】

Alliance Treaty Obligations and Provisions（ATOP）プロジェクト ………………… 184

API（Application Programming Interface） ………… 175, 176, 177, 179, 180, 195

Broad Economic Categories（BEC） ………………… 177

CEPII（Centre d' Etudes Prospectives et d' Informations Internationales） …… 149, 150, 182, 183, 184, 185, 186, 190, 193, 194

eコマース ………… 57, 66, 67, 68

Faostat …………89, 114, 115, 116, 128, 156, 157, 182

gravity パッケージ …………… 188

Harmonized Commodity Description and Coding System（HS） ……… 177, 180

Heckscher-Ohlin-Vanek モデル ………………………………… 118

Heckscher-Ohlin理論 ………… 118

HSコード ………… 140, 141, 142, 144, 181, 183

NBER（National Bureau of Economic Research） …… 182, 193

Polity IV …………… 188, 190, 194

REDD ……………………… 20, 168

REDD＋ …………………… 151

R言語 ………… 175, 176, 177, 185

SITCコード ……………… 181

Standard International Trade Classification（SITC） …… 177

Structural Iterated Least Squares（SILS） ……………… 188

UN Comtrade ……… 7, 8, 114, 117, 150, 175, 176, 177, 178, 179, 180, 181, 182, 183, 185, 188, 189, 191, 195

【あ行】

暖かさの指数 ……………… 13, 14

温量指数 …………………… 13, 23

【か行】

家具 ………… 26, 34, 36, 47, 49, 61, 65, 67, 114, 118, 128, 147

拡大造林 ……… 32, 73, 92, 95, 96

撹乱 ……………3, 10, 11, 12, 19

加工貿易 ……… 5, 37, 39, 65, 74, 76, 78, 86

加工貿易型 ……… 5, 74, 76, 78, 86

紙・板紙 ……… 6, 61, 113, 114, 115, 117, 118, 119, 121, 122, 124, 125, 126, 127, 129, 136, 137, 138, 139, 143, 145, 148

韓国山林政策 ……………… 83

観察単位 ……………………… 180

関税政策 ………………64, 65

機能的利用 ……………………68

キノコ ………………16, 20, 74

基盤サービス ……………17, 21

供給サービス ……3, 7, 16, 17, 21

競合度 ……………………… 140

競争優位 ……2, 6, 114, 117, 118, 119, 126, 127

共存の森 ……………………85

極相林 ………………10, 23

グリーン貿易障壁 ……………66

顕示比較優位指数（RCA） ……………6, 143, 144, 145

原生林 ……10, 11, 18, 23, 25, 28, 29, 32

原木 ……6, 45, 47, 49, 65, 66, 74, 96, 98, 99, 113, 114, 115, 116, 117, 118, 119, 120, 121, 122, 123, 124, 125, 126, 127, 128, 133, 134, 135, 136, 137, 139, 142, 143, 145, 148, 150

公益的機能 ……16, 26, 27, 91, 92, 95, 96, 98, 100

公益林 ……………………68

公共財 …………………4, 25, 27

更新 ……3, 11, 12, 25, 26, 33, 92, 179, 195

荒漠化 ………………45, 46, 47

合板……34, 35, 36, 37, 39, 47, 61,
　　65, 74, 78, 79, 80, 82, 86, 87,
　　88, 99, 103, 104, 105, 106, 110,
　　113, 129, 133, 134, 135, 136,
　　138, 141, 142, 143, 145, 146,
　　147, 148, 150
合法性……………………………98
国際競争力………5, 6, 64, 89, 113,
　　118, 128, 133, 143, 144, 145,
　　148
国産材……57, 65, 72, 76, 86, 87,
　　88, 98, 99, 103, 104, 105, 106,
　　110, 134, 137
国土緑化完成……………………84
国民森林……………………………85
国有林………44, 45, 55, 63, 72, 73,
　　83, 93, 94, 134
国家工商行政管理局……………63
国家コード………………180, 181

【さ行】

削片板…………34, 35, 36, 113, 129
砂漠化………………45, 46, 47, 51
サプライチェーン・
　マネージメント……………6, 148
産業間貿易…………133, 140, 144
産業政策………………36, 95, 96, 98
産業内貿易…………133, 139, 140,
　　141, 142, 144, 146, 147, 148,
　　149, 150
山村総合開発事業………………84
山地管理法………………………84
山地利用実態調査………………84
山林基本計画………5, 71, 83, 85
山林基本法…………………83, 84

山林経営計画……………………83
資源政策……………95, 96, 100
持続可能性………53, 84, 98, 99
持続可能な開発目標…………151
持続可能な森林経営………41, 84
私的財…………………4, 25, 27
集成材…………35, 36, 37, 99
集団林………………55, 63, 69
自由貿易協定（FTA）‥87, 133,
　　147, 183
準保全林地………………………84
純輸出……115, 116, 117, 118, 119
純輸入……113, 115, 116, 117, 118
商業的伐採………………44, 45
商業的利用……………………68
商業林………………68, 153, 154
植林地………11, 12, 17, 18, 19, 20,
　　21, 22, 23
人工林……4, 11, 21, 26, 29, 31,
　　32, 33, 36, 37, 42, 67, 92, 96,
　　97, 98, 100, 107, 110, 113, 127,
　　133, 148
薪炭材供給源……………………83
森林・林業基本法………93, 94,
　　98, 111, 112
森林・林業再生プラン………93
森林管理……4, 22, 25, 36, 67, 72,
　　73, 84, 87, 88, 91, 94, 100, 110,
　　151
森林組合制度……………………93
森林経営計画……………93, 94
森林計画制度……………93, 94

森林資源……3, 4, 5, 6, 7, 8, 9, 17,
　　19, 22, 25, 26, 27, 28, 29, 32,
　　37, 38, 39, 42, 44, 50, 53, 54,
　　55, 56, 57, 64, 66, 71, 72, 74,
　　84, 85, 86, 87, 88, 91, 93, 95,
　　96, 97, 100, 110, 111, 118, 127,
　　128, 145, 148, 149, 151, 152,
　　160, 192
森林資源の歴史的すう勢
　　………………………25, 28, 30
森林政策……30, 38, 41, 71, 83, 84,
　　111, 112
森林認証……67, 68, 69, 100, 151
森林福祉サービス………………85
森林法……50, 54, 64, 68, 91, 92,
　　93, 94, 95, 96, 100, 112
森林レクリエーション…………84
垂直的バリュー・チェーン6, 127
垂直的分業……………………2, 127
正規化植生指数…………………165
製材……34, 35, 36, 37, 39, 58, 59,
　　60, 65, 67, 76, 77, 87, 96, 98,
　　103, 104, 106, 107, 110, 113,
　　114, 115, 134, 135, 136, 137,
　　138, 141, 143, 145, 146, 148
生産機能………26, 27, 91, 92, 95,
　　96, 98, 100
生産工程分業型…………………140
生産林……18, 21, 29, 31, 100
生息地サービス…………………22
生態系……7, 15, 16, 19, 23, 26,
　　28, 29, 46, 55, 84, 85
生態系機能………9, 15, 16, 17, 21

生態系サービス ……3, 4, 9, 15, 16, 17, 18, 19, 20, 21, 22, 23, 166
製品差別化貿易 ………… 140
遷移 …………………… 3, 10, 11
繊維板 ……26, 34, 35, 36, 39, 47, 49, 58, 80, 113, 129, 135, 136, 137, 138, 142, 143, 145, 146, 147, 148
戦争の相関因子プロジェクト （CoW project） …… 182, 184
ゾーニング …………5, 22, 29, 92

【た行】

第1次治山緑化10カ年計画 ……………………………… 83
第2次治山緑化10カ年計画 ……………………………… 83
第3次山地資源化計画 ……… 84
第4次森林基本計画 ……… 84
第5次森林基本計画 ……… 83, 84
第6次山林基本計画 …… 71, 83, 85
ダイアド ……183, 188, 192, 195
大規模経済林造成団地 …… 84
退耕還林 ……………… 42, 45
多角的貿易抵抗指数 ……… 188
立木価格 ……… 107, 108, 109, 110, 156
多面的機能 ………3, 5, 25, 26, 91, 97, 98
単板 ………34, 35, 58, 59, 60, 129, 134
弾力性 ………119, 123, 127, 196
地域山林計画 ……………… 83
調整サービス ………… 8, 16, 21

天然林………4, 10, 11, 12, 13, 18, 19, 22, 26, 31, 32, 33, 42, 44, 45, 50, 51, 110, 111

【な行】

南洋材 …… 47, 76, 86, 104, 105, 106
熱帯林 ……… 26, 28, 50, 57

【は行】

伐採許可証 ………………… 63
伐採許可制度 ……………… 93
パリ協定 ………………… 151
バリュー・チェーン …… 6, 114, 118, 119, 121, 123, 124, 125, 126, 128
パルプ …… 47, 58, 59, 60, 61, 76, 87, 88, 114, 115, 116, 117, 118, 119, 121, 123, 124, 125, 126, 127, 129, 134, 136, 139, 140, 141, 142, 143, 145, 148, 153, 156
パルプ・チップ………… 103, 104
半弾力性 ………………… 196
東アジア通貨危機 ……… 87, 137
非関税的措置 ……………… 64
被覆率 ……4, 5, 41, 42, 43, 45, 50, 71, 72, 173
文化サービス ……………… 8, 17
分業構造 ……………… 133, 139
米材 ……………57, 105, 106, 107
保安林制度 ………………… 92
貿易重複度 ……… 139, 140, 142
貿易特化指数（TSI） …… 6, 143, 144, 145, 146, 147

貿易の重力モデル ……… 175, 176, 184, 185, 192
貿易パフォーマンス ……6, 113, 114, 115, 126
法正林 ………………… 100, 111
北洋材 ……………104, 105, 106
保護林 ……… 18, 29, 30, 44
保全林地 …………………… 84

【ま行】

丸太 ………18, 19, 33, 34, 35, 37, 39, 45, 46, 58, 59, 60, 74, 95, 98, 99, 100, 103, 106, 107, 108, 109, 113, 167
丸太価格 ……… 107, 108, 109, 167
緑の福祉国家 ……………… 84
木材価格 ……27, 29, 68, 95, 96, 100, 107, 108, 110
木材産業 ……4, 5, 6, 25, 33, 38, 47, 49, 50, 53, 64, 68, 71, 74, 76, 86, 87, 88, 89, 95, 96, 98, 99, 103, 113, 114, 115, 117, 118, 122, 128, 133, 134, 135, 136, 139, 140, 141, 143, 144, 148, 149, 163, 175
木材自給率 …………93, 103, 110
木材需給量 ……… 100, 101, 103
木材需要 ……4, 29, 35, 38, 49, 53, 66, 92, 95, 100, 102, 103, 110, 139
木材生産 ………5, 8, 9, 17, 18, 21, 26, 27, 29, 33, 49, 53, 54, 66, 92, 95, 96, 110, 152

木材製品……6, 37, 38, 54, 62, 65, 67, 98, 99, 100, 103, 113, 114, 115, 116, 117, 118, 119, 124, 126, 127, 128, 133, 134, 139, 142, 143, 145, 146, 147, 148, 149

木材輸送監査条例 ……………64

木材流通……4, 5, 53, 54, 55, 57, 59, 61, 63, 65, 66, 67, 68, 69

木材利用……4, 5, 25, 33, 36, 38, 76, 89, 91, 95, 98, 102, 110, 149

木質パネル………6, 113, 114, 115, 117, 118, 119, 120, 121, 122, 123, 124, 125, 127, 129

【や行】

輸入依存度…………118, 119, 120, 121, 122, 123, 124, 125, 126

輸入材………37, 57, 72, 103, 104, 105, 106, 110, 134

【ら行】

ランドサット（Landsat） ……………164, 165, 169, 170

リモートセンシング………7, 163, 164, 165, 166, 169, 173

林業基本法……91, 93, 94, 95, 97, 98, 111, 112

林業構造改善事業（林構事業） ……………96

林業従事者………95, 96, 97, 112

林業部………………63, 64, 65, 88

林産物市場……………………37

林産物貿易………25, 30, 33, 34, 36, 37

東アジアにおける森林・木材資源の持続的利用
―経済学からのアプローチ―

2018 年 3 月 23 日　印刷
2018 年 3 月 30 日　発行

定価はカバーに表示しています。

編 著 者　馬　駿・今村弘子・立花　敏
発 行 者　磯部　義治
発　　行　一般財団法人 農 林 統 計 協 会
〒153-0064　東京都目黒区下目黒3-9-13
目黒・炭やビル
電話　03-3492-2987（普 及 部）
03-3492-2950（編 集 部）
URL：http://www.aafs.or.jp/
振替　00190-5-70255

Sustainable Utilization of Forest Resources in East Asia：
An Economic Approach

PRINTED IN JAPAN 2018

印刷　前田印刷株式会社　　　　　落丁・乱丁本はお取り替えします
ISBN978-4-541-04176-0　C3061